本書内容に関するお問い合わせについて

このたびは翔泳社の書籍をお買い上げいただき、誠にありがとうございます。弊社では、読者の皆様からのお問い合わせに適切に対応させていただくため、以下のガイドラインへのご協力をお願い致しております。下記項目をお読みいただき、手順に従ってお問い合わせください。

ご質問される前に

弊社Webサイトの「正誤表」をご参照ください。これまでに判明した正誤や追加情報を掲載しています。

〈正誤表〉http://www.shoeisha.co.jp/book/errata/

ご質問方法

弊社Webサイトの「刊行物Q&A」をご利用ください。

〈刊行物Q&A〉http://www.shoeisha.co.jp/book/qa/

回答について

回答は、ご質問いただいた手段によってご返事申し上げます。ご質問の内容によっては、回答に数日ないしはそれ以上の期間を要する場合があります。

ご質問に際してのご注意

本書の対象を超えるもの、記述個所を特定されないもの、また読者固有の環境に起因するご質問等にはお答えできませんので、あらかじめご了承ください。

郵便物送付先およびFAX番号

送付先住所　〒160-0006　東京都新宿区舟町5
FAX番号　　03-5362-3818
宛先　　　　（株）翔泳社　愛読者サービスセンター

※本書に記載されたURL等は予告なく変更される場合があります。
※本書の出版にあたっては正確な記述につとめましたが、著者や出版社などのいずれも、本書の内容に対してなんらかの保証をするものではなく、内容やサンプルに基づくいかなる運用結果に関してもいっさいの責任を負いません。
※本書に掲載されているサンプルプログラムやスクリプト、および実行結果を記した画面イメージなどは、特定の設定に基づいた環境にて再現される一例です。
※本書に記載されている会社名、製品名はそれぞれ各社の商標および登録商標です。

はじめに

　筆者はアナログ原型の時代から、商業フィギュアの制作を行ってきました。ここ数年、3Dプリンターに代表されるデジタル出力環境の充実、およびデジタル原型に欠かせないZBrushといった3Dソフトの普及によって、アナログからデジタルに急速に移行してきています。一方、今まで3Dモデリングの世界で活躍してきた人にとって、デジタル出力機の充実は、フィギュアを自分で作れたらよいのにという欲求を満たすものとなってきています。

　そうしたアナログからデジタルへの移行が進む中、デジタル原型師になりたい、興味があるという方がここ数年で非常に増えてきています。

　本書は、筆者が今まで蓄積してきた商業フィギュア原型のデジタル環境における制作手法を余すところなく一冊にまとめた書籍です。商業フィギュア制作のワークフローにのっとり、実際の制作工程を追いつつ、デジタル原形師になるためのノウハウを紹介しています。

　第1章ではデジタル原型師になるために知っておくべき知識についてまとめています。

　第2章では商業フィギュア原型制作のワークフローを、第3章ではフィギュア制作の受注、企画持ち込み方について、解説しています。

　第4章ではデジタル原型で必須のアプリ「ZBrush 4R6 P2」と「3D-Coat v4.5」の基本操作について解説しています。

　第5章からは人気絵師ニリツ氏のイラストを元にした本格的なスケールフィギュアの制作手法を大ボリュームで解説しています。ZBrush 4R6 P2で解説しています。

　第6章では、スケールフィギュアでよく付随する、メカパーツの制作手法について解説しています。

　第7章では立体出力を意識したデータの制作手法を解説します。

　第8章ではフィギュア制作で利用する3Dプリンターについて、第9章では出力した後の表面処理の方法、第10章では完成品の塗装方法について解説します。第11章では仕上げと納品方法について解説しています。

　最終章の第12章では、スケールモデルをデフォルメしたデフォルメフィギュアの制作手法を解説しています。ZBrush 4R7 P3で解説しています。

　このように、プロとして必要なノウハウや技術情報を詰め込んでいますので、プロとして独り立ちしたい方など、本気でデジタル原型師としてデビューしたい人にとってバイブル的な内容になっています。

　なお本書で作成したサンプルはWebからダウンロードできます。個人であれば、自由に利用する(非商用利用に限定される。またネットワークへの配信はできないなど制限がある。詳しくはP.008の「著作権等」を参照)ことができます。

　ぜひ本書を手にとってデジタル原型師を目指してください。

2015年5月吉日
スーパーバイザー(藤縄)

CONTENTS

はじめに ……………………………………………………………… 003
本書のサンプルや利用しているアプリケーション ……………… 008
ZBrushと3D-Coatのインストール ………………………………… 009
サンプルの利用方法 ………………………………………………… 011
作成するフィギュア ………………………………………………… 012

CHAPTER 01 デジタル原型師になるために知っておくべきこと …… 013

01 デジタル原型とは何か ………………………………………… 014
02 デジタル原型のメリット ……………………………………… 015
03 デジタル原型のデメリット …………………………………… 018
04 デジタル原型で利用されている人気のモデリング系CGソフトウェア … 021
05 デジタル原型師になるために必要な設備 …………………… 023

CHAPTER 02 商業フィギュア原型制作のワークフロー …………… 025

01 請負仕事を始めるにあたり確認すること …………………… 026
02 フィギュア原型請負のワークフロー ………………………… 027

キャラクター設定 …………………………………………………… 030

CHAPTER 03 フィギュア制作の受注・企画持ち込みの方法 ……… 031

01 クライアントからの原型制作依頼の場合 …………………… 032
02 イラストレータとのやりとり ………………………………… 033
03 企画持ち込みについて ………………………………………… 036

CHAPTER 04 3DCGモデリングソフトの基本的な使い方 ………… 037

01 ZBrushの基本画面 ……………………………………………… 038
02 CG画面内の軸 …………………………………………………… 039
03 プリミティブ（基本形状）を利用する ……………………… 040
04 ブラシを利用する ……………………………………………… 041
05 Materialと色のコントロール ………………………………… 044
06 Divideを利用する ……………………………………………… 045
07 マスクを利用する ……………………………………………… 046
08 ビジビリティを利用する ……………………………………… 047
09 ポリグループを利用する ……………………………………… 048
10 トランスポーズモードを利用する …………………………… 049
11 ZSphereⅡを利用する …………………………………………… 050
12 ZRemesherを利用する ………………………………………… 054
13 DynaMeshを利用する ………………………………………… 055
14 ブーリアンを利用する ………………………………………… 056
15 Spotlightを利用する …………………………………………… 058
16 タイムラインを利用する ……………………………………… 059
17 データの保存や読み込み方 …………………………………… 060
18 3D-Coatの基本的な使い方 …………………………………… 061
19 3D-Coatの機能 ………………………………………………… 064

CHAPTER 05 スケールフィギュアのデジタル原型を作る …… 071

- 01 本体パーツ制作の全体の流れ …… 072
- 02 モデリングの下準備 …… 073
- 03 ZBrushのUIを使う …… 080
- 04 下絵を読み込む …… 082
- 05 ZSphereで顔の土台を作る …… 083
- 06 顔の形をざっくりと作る …… 084
- 07 目の掘り込みをする …… 085
- 08 口を作る …… 086
- 09 後頭部を作る …… 087
- 10 ZSphereで前髪の土台を制作する …… 089
- 11 ZSphereをメッシュ化する …… 090
- 12 ポリグループを分ける …… 091
- 13 前髪のディテールアップをする …… 092
- 14 耳を作る …… 093
- 15 後ろ髪の土台を制作する …… 095
- 16 後ろ髪のディテールアップをする …… 096
- 17 三つ編みを作る準備をする …… 097
- 18 三つ編みを作る …… 099
- 19 髪留めを作る …… 103
- 20 三つ編みの先端を作る …… 104
- 21 シニヨン周りを作る …… 105
- 22 ZSphereで体を作る …… 108
- 23 メッシュを再構築する …… 110
- 24 ポーズを変える …… 111
- 25 筋肉をつける …… 113
- 26 胸を作る …… 114
- 27 手を作る …… 117
- 28 スカートのプリーツを作る …… 119
- 29 プリーツの折込を作る …… 121
- 30 プリーツの全体ラインを緩やかにする …… 124
- 31 プリーツを体に合わせて調整する …… 125
- 32 プリーツの後側を作る …… 127
- 33 プリーツにシワを追加する …… 128
- 34 ニーソックスのラインを作る …… 129
- 35 ニーソのゴム部分を細かく仕上げる …… 130
- 36 ガーターベルトを作る …… 132
- 37 全体に色を塗る …… 134
- 38 パンツ部分を作る …… 138
- 39 靴底を作る …… 140
- 40 ヒールを作る …… 143
- 41 トゥ・キャップを作る …… 144
- 42 ブーツ本体のディテールを作る …… 145
- 43 靴本体のタンの部分を作る …… 148
- 44 靴を微調整する …… 151
- 45 靴紐のリボン部分を作る …… 152
- 46 結び目を作る …… 154
- 47 左右の靴パーツを作る …… 156
- 48 ニーソの紐部分を作る …… 157
- 49 上着の元を作る …… 158
- 50 上着の襟を作る …… 159

51	袖のフリルを作る	162
52	襟を作る	166
53	スカーフの結び目を作る	168
54	スカーフの中身を作る	171
55	体全体のパーツを整える	172

CHAPTER 06 メカパーツのデジタル原型を作る … 173

01	砲身を作る	174
02	銃口を作る	178
03	銃のシリンダー（弾倉）部分を作る	182
04	銃とシリンダーの周りの部分を作る	184
05	銃上部の周り部分を作る	186
06	銃の背面部分を作る	187
07	刃の部分を作る	190
08	引き金パーツを作る	192
09	回転パーツを作る	194
10	リベット部分を作る	197
11	シリンダー部分の隙間を埋める	198
12	デザイナーによる監修と修正	199
13	おかもちを作る	201
14	布を作る	203
15	銃側の巻きつけている布を作る	204
16	銃側の巻きつけのタレ部分を作る	205
17	銃後ろのヒラヒラ部分を作る	206
18	銃後ろの巻きつけている部分を作る	207
19	デザインモデリングの最終調整を行う	208

CHAPTER 07 立体出力用に調整する … 209

01	立体出力用データ調整の基礎知識	210
02	調整するパーツを確認する	211
03	服を調整する	214
04	髪の毛を調整する	216
05	分割調整と分割作業を行う	217
06	後ろ髪を分割調整する	223
07	シニヨンと三つ編みを分割調整をする	226
08	服と上着を分割調整する	228
09	腰周りを分割調整する	230
10	腿と靴を分割調整する	232
11	手を分割調整する	235
12	襟周りを分割調整する	237
13	武器パーツを分割調整する	239
14	3Dプリンター用データ制作のルール	244
15	データ納品前のチェック	246

CHAPTER 08 フィギュア制作で利用する3Dプリンター … 249

| 01 | 3Dプリンターの種類について | 250 |
| 02 | 立体出力の工程 | 251 |

CHAPTER 09 立体出力品の表面処理 ... 255
- 01 パーツを確認する ... 256
- 02 積層痕を確認する ... 257
- 03 油分を除去する ... 258
- 04 表面処理に必要な道具 ... 259
- 05 サーフェイサーを吹き付ける ... 262
- 06 立体出力品の表面処理の仕方 ... 263
- 07 ディテールを調整する ... 266
- 08 サーフェイサーを吹き付ける ... 267

CHAPTER 10 完成品の塗装 ... 269
- 01 塗装の方法について ... 270
- 02 塗装に必要な工具・材料・設備について ... 271
- 03 塗装前の下準備 ... 273
- 04 塗装する箇所 ... 274
- 05 顔を塗装する ... 275
- 06 髪周りを塗装する ... 276
- 07 服を塗装する ... 277
- 08 上着を塗装する ... 278
- 09 腰を塗装する ... 279
- 10 足を塗装する ... 280
- 11 靴を塗装する ... 281
- 12 武器を塗装する ... 282
- 13 おかもちを塗装する ... 283
- 14 仕上げの塗装をする ... 284

CHAPTER 11 納品時の注意点 ... 285
- 01 原型・完成品の納品の仕方 ... 286
- 02 完成品の納品と組み立て方 ... 287
- 03 デジタル原型師として独り立ちする ... 288

CHAPTER 12 デフォルメフィギュアのデジタル原型を作る ... 289
- 01 下絵を読み込み原型を作成する ... 290
- 02 プリーツを作る ... 293
- 03 袖口のヒラヒラを作る ... 296
- 04 手・顔・髪の毛・武器を作る ... 298
- 05 3Dプリンター出力したものを塗装する ... 300
- 06 塗装終了後のパーツを確認する ... 302

INDEX ... 303

本書のサンプルや利用しているアプリケーション

▶本書のサンプル

　本書の完成サンプルファイルをWebからダウンロードして利用できます。使用しているPCのハードディスクにコピーしてお使いください。

サンプルのダウンロードサイト
URL http://www.shoeisha.co.jp/book/download/

▶利用しているアプリケーションの購入先やダウンロードサイト

　ZBrush_4R7_P3は日本の主な販売サイトから購入してインストールしてください。なおZBrush 4R6 P2については、本書執筆時点で販売が終了したため、既存ユーザーを対象にしています。ZBrush 4R7 P3のインストール方法はP.009〜010で解説しています。

ZBrushの販売サイト（日本）

株式会社オーク
URL http://oakcorp.net/

株式会社ボーンデジタル
URL http://gogo3d.borndigital.jp/

　3D-Coatは3D-Coatのダウンロードサイトからダウンロードできます。
　ダウンロード、インストール方法はP.010で解説しています。

3D-Coatのダウンロードサイト
URL http://3d-coat.com/forum/index.php?showtopic=10395

Windows版の操作手順とサンプルの検証について
　本書ではWindows版にてサンプルの作成／動作検証および誌面で解説しています。
　Mac版の場合、誌面と操作手順が異なる場合があります。あらかじめご了承ください。

免責事項について
　サンプルファイルは、通常の使用について何ら問題のないことを編集部および著者は確認していますが、
　万一使用の結果、いかなる損害が発生したとしても、著者および株式会社翔泳社はいかなる責任も負いません。
　すべて自己責任において使用してください。

サンプルの動作環境について
　本書のサンプルは、ZBrush 4R6 P2（第5章）、ZBrush 4R7 P3（第12章）、3D-Coat4.5 BETA12A（第7章）で動作確認を行っています。

推奨開発環境（Windows版の場合）

	ZBrush 4R6 P2（32bi版の場合）	ZBrush 4R7 P3（64bi版の場合）	3D-Coat4.5 BETA12A
OS	Windows Vista/7/8 32-bit	Windows Vista/7/8 64-bit	Windows Vista/7/8
CPU	Pentium D以上のCPU（またはAMD Athlon 64X2 以上のCPU）	Pentium D以上のCPU（またはAMD Athlon 64X2 以上のCPU）	1.2GHz以上
システムメモリ	2GB以上を推奨（数億ポリゴンを扱う場合は6GBを推奨）	6GB以上を推奨	512MB以上を推奨
HDD	16GB以上の空き容量	16GB以上の空き容量	1GB以上の空き容量
タブレット	ワコム社のペンタブレット	ワコム社のペンタブレット	-
ビデオカード	-	-	Radeon 9200/NVIDIA 5600 128MB
モニター	1280×1024以上	1280×1024以上	-
DirectX	-	-	9.0C以上

著作権等について
　本書のサンプルの著作権は、著者および株式会社翔泳社が所有しています。
　個人で使用する以外に非営利目的で利用することはできません。また許可なくネットワークなどへの配布もできません。
　個人的に使用する場合においては、サンプルの改変や流用は自由です。
　商用利用に関しては、株式会社翔泳社へご一報ください。

株式会社翔泳社　編集部

ZBrushと3D-Coatのインストール

ここではZBrushと3D-Coatのインストール方法について簡単に説明します。

ZBrush 4R7 P3のインストール

ZBrush 4R7 P3のインストール手順を紹介します。

1 ▶ インストーラーをダブルクリックする

日本代理店などから提供されている製品パッケージのROMにあるZBrush_4R7_P3_Installer_WIN.exe(もしくはZBrush_4R7_Installer_WIN.exe)をダブルクリックします(図1)。なおWindows 7/8の場合は、右クリックして[管理者として実行]からインストールしてください。

◀図1 ZBrush_4R7_P3_Installer_WIN.exeをダブルクリック

2 ▶ [Setup]ダイアログを確認する

[Setup]ダイアログが開きます。[Next]をクリックします(図2)。

◀図2 [Setup]ダイアログの確認

3 ▶ ライセンスを確認する

[License Agreement]画面が開くので、記載事項をよく読み、承諾したら[I accept the agreement]にチェックを入れて、[Next]をクリックします(図3)。

◀図3 ライセンスを確認する

4 ▶ インストール先を指定する

[Installation Directory]でインストールするディレクトリを指定して、[Next]をクリックします(図4)。

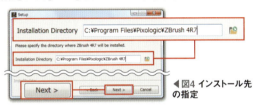

◀図4 インストール先の指定

5 ▶ インストールするプラグインなどを指定する

[Select Components]画面で、プラグインなどを指定します。[Next]をクリックします(図5)。[Ready to install ZBrush]画面になるので[Next]をクリックします。するとインストールが開始します。

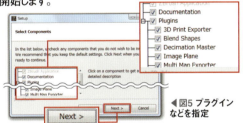

◀図5 プラグインなどを指定

6 ▶ ZBrushを起動して[Web Activation(Best)]をクリックする

インストールがすんだら、ZBrushを起動します。[Welcome to ZBrush 4R7]という画面が表示されるので、[Web Activation(Best)]をクリックします。

◀図6 [Web Activation(Best)]をクリック

7 ▶ メールアドレス、シリアル番号、コンピュータ名を入力する

［REGISTRATION / ACTIVATION］画面で、メールアドレス、シリアル番号、コンピュータ名を入力して［Start Activation］をクリックします（図7）。

▶図7 ［Start Activation］をクリック

8 ▶ アクティベーションを行う

［Submit for Activation］をクリックします（図8）。activation keyをコピーします（図9）。開いた画面で［Enter activation Code］をクリックして（図10）、コピーしたActivation keyをペーストします（図11）。アクティベーションが完了すると利用できます。

◀図8 ［Submit for Activation］ダイアログ

◀図9 activation keyの入力

◀図10 ［Enter Activation Code］をクリック

▶図11 コピーしたactivation keyをペースト

memo ZBrushのライセンス

ZBrushのライセンスは1人のユーザーが同時に利用しないことを条件に2つのPCまでライセンスを利用することができます。なお法人購入の場合は代理店や製品規約をご確認ください。

3D-Coatのインストール

ここでは3d-Coat-V4_5-BETA16Aのインストール方法を紹介します。

1 ▶ 3D-Coatのダウンロードサイトにアクセスする

3D-Coatのダウンロードサイトにアクセスして、利用している環境に合わせてアプリケーションをダウンロードします（ここでは「3D_Coat-32bit」をクリック）。

URL http://3d-coat.com/forum/index.php?showtopic=10395

◀図1 アプリケーションをダウンロード

2 ▶ ダウンロードしたアプリケーションを実行する

ダウンロードした3d-Coat-V4_5-BETA16A-32.exeをダブルクリックして（図2）、［Installer Language］で［Japanese］を選択し、［OK］をクリックします（図3）。

▶図2 3d-Coat-V4_5-BETA16A-32.exeをダブルクリック　　▶図3 ［Japanese］を選択

3 ▶ ライセンスを確認する

［3d-Coat-V4セットアップ：ライセンス契約書］で記載内容を確認して、［同意する］をクリックします（図4）。

◀図4 ライセンスの確認

4 ▶ インストール先を指定する

インストール先を指定して［インストール］をクリックします（図5）。無事にインストールできると図6の画面になります。3D-Coatを起動するとライセンスに関する画面が表示されます。

 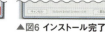

▲図5 インストール先を指定　　▲図6 インストール完了

サンプルの利用方法

ここでは本書の「スケールフィギュア」のサンプルの利用方法について簡単に解説します。

　ZBrushを起動します。[Tool]→[Load Tool]をクリックして（図1❶）。本書のサンプルデータ（ZBrushSample.ZTL）を選択し❷、[開く]をクリックすると❸、[SubTool]にスケールフィギュアのパーツが表示されます❹。キャンバスを右クリックしたままドラッグするとオブジェクトが表示されます❺。[Edit]をクリックすれば❻、オブジェクトを操作できるようになります。ZBrushの詳しい操作方法については、第4章の「3DCGモデリングソフトの基本的な使い方」を参照してください。またそのほかのサンプルについてはダウンロードサンプルにあるREADME.txtを参照してください。

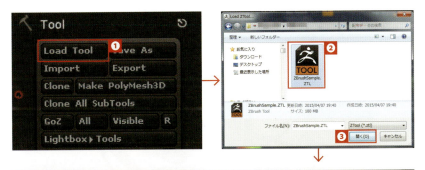

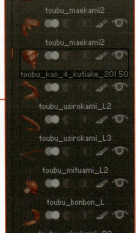

▲図1 「スケールフィギュア」のサンプルの利用方法

作成するフィギュア

本書ではスケールフィギュアとデフォルメフィギュアを作成します。

▲デフォルメフィギュア　　　　　▲スケールフィギュア

CHAPTER 01

デジタル原型師になるために知っておくべきこと

この章ではデジタル原型師という職種と、
デジタル原型師になるために必要なツールや
設備について解説します。

01 デジタル原型とは何か

デジタル原型という概念が定着するまで、フィギュア原型はファンド（紙粘土）やポリパテ等を使い、手作業で制作していました。

▶デジタル原型師の登場

　2010年頃から高精度3Dプリンターの日本での普及とZBrush 3.5 のアップデートによって、データを比較的容易に立体出力できるようになったこととフィギュアの形状をデジタルで作るという2つの下地が揃い、デジタル原型という手法が生まれ、デジタル原型師という新たな職種も生まれました。

> **memo　デジタル原型とは**
> デジタル原型という言葉はもともと存在していませんでしたが、手原型師（以下アナログ原型師）と区別化するためにデジタルデータで作る原型師（以下デジタル原型師）という造語が生まれました。

▶3Dプリンターの登場と普及

　3Dプリンターを利用したデジタル原型出力を行う以前は、切削機械を使って制作している会社もありましたが、切削加工では作れない、または手間がかかりすぎる形状がフィギュアには多いため主流にはなりませんでした。

　1980年代に3Dプリンターの技術が開発され、1990年代から3DプリンターがTVや新聞、雑誌でも取りざたされることはあったのですが積層ピッチが数ミリと大きく（現在は0.016mm台までピッチは細かくなっています）、機械の値段や出力費、精度の問題であまり活用されませんでした。

　しかし、2010年頃から3D SYSTEMS ProJet HD3000（1000万円位）が製造業界に普及し始め、それをフィギュアに使えるのではないかとフィギュアメーカー各社が原型のデジタル製造化を進めました。

　その後、個人向けに3Dプリンターサービスを始める会社が出てきて、個人の原型師でも立体出力を利用することができるようになりデジタル原型師の需要が増えてきました。

> **column　「艦これ」ブームが追風**
> 2010年当時、筆者が各社への営業した際「フィギュア制作をデジタル化しませんか」と説明して回っていたのですが、デジタルの有用性がなかなか理解してもらえず「アナログ原型で足りているので必要ない」という意見が多かったです。
> 2013年夏の「艦これ」ブームが追風になったり、デジタル原型師の技術も熟練されてきたこともあって、フィギュアをCGで作るという流れが構築されていきました。
> 昨今では、デジタル原型の有用性も認知され「アナログ原型師の方よりもデジタル原型師の方を紹介してほしい」と問い合わせが来るようになりました。

02 デジタル原型のメリット

ここではデジタル原型が優れているポイントについて解説します。

▶ デジタル原型がアナログ原型よりも優れているポイント

デジタル原型のメリットについて解説します。

▶ 制作期間が早い

通常、アナログ原型の場合は監修込みの原型納品まで2～3ヶ月かかりますが、デジタル原型の場合は1ヶ月前後で原型納品まで短縮できます(図1)。

原型の納期が早まるということは非常にメリットのあることで、アニメーションの人気があるうちに商品案内を出すことができるため、関連グッズを販売するメーカーからすれば売り上げのアップが見込まれます。

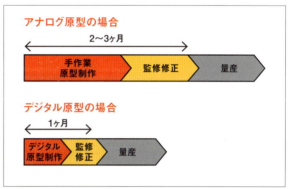

▶図1 制作期間の違い

▶ シンメトリー(左右対称)やミラーが使える

顔の左右対称(図2)、手、靴等といった左右が同じ形状のもの(図3)を作成できます。

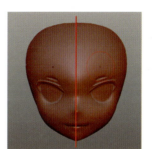 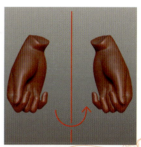

▲図2 シンメトリー(左右対称)　▲図3 ミラー反転コピー

▶ メカ関係のものは精巧なものができる

CGの一番の利点でもありますが、メカ物は比較的容易にモデリングすることができます(図4、5)。

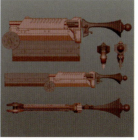 

▲図4 精巧なメカ　▲図5 メカの例

▸ 複雑な模様のものも簡単にできる

アナログ原型では手間のかかる「鎖帷子（くさりかたびら）」や「マンホールの蓋」等のようなパターン的なものが簡単に作成できます（図6）。

▲図6 六角形パターンのすじ彫り例

▸ 異なるモデリング形式を併用可能

ポリゴンモデリング、スカルプトモデリング形式を相互に併用できます。

---

memo それぞれ得意分野のあるCGソフトウェアを利用する

CGソフトごとに得意な機能を使うことで効率化を図れます（図7）。

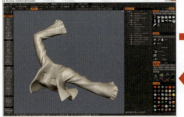  

▲図7 さまざまなCGソフトウェアを利用するメリット

▸ 原型修正対応が手軽にできる

アナログ原型では大変な修正も、CGソフトウェアを利用すれば比較的容易に行えます。簡単な修正であれば30分、通常の修正でも1日ほどで終わることが多いです。

例えば、制作工程（監修）で頭部の拡大や縮小をしてきた場合、アナログ原型の場合であれば作り直しになりますが、デジタル原型の場合ではそうした手間がかかりません。

▸ 本書で扱うサンプルの場合

本書で制作した武器の場合、デザイナーから「ハンドガードの部分のスリットのへこみを浅くしてほしい」との修正依頼がきましたが（図8）、中のパーツを別パーツにしていたため上にずらすだけで済みました（図9）。

 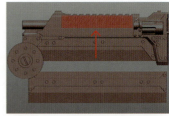

▲図8 修正依頼　　　　　　　▲図9 中のパーツを上に上げるだけで終了

---

column リアルタイムに修正可能

以前実際にあった話として、クライアントがCG監修に慣れていないため、指示が明確でなく、ノートPCを持ち込んで「今から変形させますのでちょうどよいところでストップと言ってください」と、その場で修正を確定してもらったこともありました。
このようにCGの場合であれば、リアルタイムに修正を見てもらうことも可能で、かなりの利点があると言えます。

▶ サイズ変更や変形機能が簡単にできる

　商業フィギュアを制作する場合、まず個別にパーツを作ってから全体とのバランスを見つつ、さらに個別パーツの再調整をするのですが、その微調整がとても楽です（顔の幅を5％広げる等の修正がとても簡単）（図10、11、12）。

▲図10 元の顔

▲図11 横幅を広げたもの

▲図12 横幅を狭めたもの

▶ 制作途中のデータを保存しておけば再修正が簡単

　制作途中のデータを残しておけば、後工程で修正が入ったとしても、その作業工程に戻り修正できます。［Ctrl］＋［Z］キーを利用すれば、実際何回でもやり直すことができます。

> **memo　ZBrushにおけるやり直し作業**
>
> ZBrushで「戻る機能」はマシンスペックが許せば10,000回まで戻れます。
> 筆者の場合は20個程度はポイントごとにデータを別にして保存しています（図13）。
>
> ▲図13 作業工程ごとにデータを保存

03 デジタル原型のデメリット

デジタル原型に切り替わったことによるデメリットも当然あります。
ここではいくつかのポイントに分けてその例を紹介します。

▶ 立体出力費用がかかる

　商業原型用の場合、1/8スケールのショートカットヘアの制服キャラフィギュアで4万～10万円位かかります。ロングヘアで髪の毛がなびいていたり、メカものがあると倍位の費用になることもあります。

　立体出力して表面処理をした後の原型監修で修正が入った場合、CGまで戻って修正すると立体出力の再出力になり、費用がかさみます。そのため、通常は手作業で直せるならば手で修正します。

▶ 表面処理が必要

　3Dプリンターの出力精度の問題で、現状ではまだ表面処理をする必要があります(図1)。

▶図1 立体出力品の積層線

▶ デジタルデータと立体出力品で差がどうしても出てしまう

　CG画面上(1眼)と立体出力した際の目視(2眼)の違いだけでなく、画面上と実際の出力物では画角などの見え方も違うため、場合によっては立体出力後に違和感を感じ手修正する必要が出てくるケースもあります。

　アナログ作業の場合は実際にユーザーがフィギュアを見る位置で制作しているため、画角等は無意識に修正しているのですが、これがCGの画面内にあるのと実際立体出力した際で違和感となって出てきます。これは、ある程度は経験によって調整できるようになってきますが、かなりの数の原型を制作して、立体出力したものと見比べないといけません。

　デジタル原型師でCGデータのみ納品で、その先は別の担当へ渡ってしまう場合等は、出力品を見る機会がなく、すり合わせの研究ができずにいる方も見受けられます。ぜひ自分の目でCGデータがどのように立体出力されたかを確認してください。

　図2は、わかりやすくするために極端に描いていますが、CG画面のカメラ(1眼)で見た場合と、人の目(2眼)で見た場合のキャラクターの顔の見える範囲を図にしたものです。

　この差と画角の加減も加わり、立体出力した後にCGのモニター画面と比べると違いを感じる部分だと思われます。

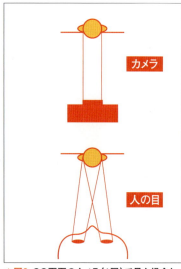

▲図2 CG画面のカメラ(1眼)で見た場合と、人の目(2眼)で見た場合のキャラクターの顔の見える範囲

▶出力するまで実際のスケール感がわかりづらい

　画面上では実際のスケール感をイメージしにくいので、実際に立体出力するまでそのスケール感をつかみにくいものです。
　商業フィギュアを制作する場合、1/6、1/8、1/15、等のスケールごとに顔立ちや体のバランスを微妙に調整する必要があります。単純に全体のスケールを変えればよいと言うものではないのです。
　例えば、スカートの厚み最低1mmとしても、1/6スケールと1/15スケールでは表現方法が変わってきます。その調整が個々に必要なのですが、CGでは画面の拡大縮小が簡単にできてしまうために実物でのスケール感がつかみづらい感じがします。
　よくCGで細かく作りすぎている作品を見かけますが、リアルサイズにするとそれは0.1mmのディテールの場合もあり、立体出力しても意図したディテールはほぼ消えてしまいます(図3)。またそのようなディテールでは商業レベルで耐えうるような生産ができません。そういう失敗をなるべく防ぐために、制作中はモニターに定規をあてて、随時画面内で実際の立体出力サイズにして確認することをおすすめします。

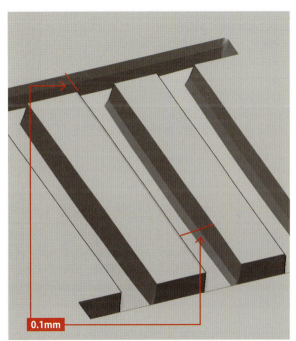

▶図3 0.1mmのモールド。
CG上ではディテールとして表示されるが、
立体出力するとほぼ消えてしまう

▶ 物同士の衝突による凸凹等の表現は手間がかかる

例えば、スカートをはいてクッション付の椅子に座っているケースの場合で考えてみましょう。

図4の例で説明すると、体があって、白いスカート（厚み1mm）をはいて、さらに青い布（厚み1mm）を羽織っており、その状態でクッションに座っています。クッションに対しては体のほうが強いのですが、オレンジの椅子は木なので体をへこませる必要があります。

アナログ原型で紙粘土素材での制作であれば、1つずつ上着せで制作して、最後にクッションにする粘土が生乾きの時に体を押し付ければ、比較的容易にできます。一方、CGの場合は、物理的な接触を自分で考えながら制作しないといけないため、とても手間がかかります。

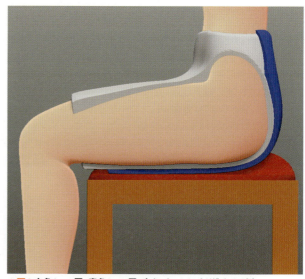

▲図4 白色1mm厚、青色1mm厚、赤クッションにめり込ませる例

> **memo** 凸凹等の表現に物理演算機能を使う
>
> CGの物理演算機能を使うと言う考えもありますが、そのためには非常に手間のかかる設定をしなければなりません。さらに手間がかかるわりには、あまりよい感じには仕上がらないことが多いです。

▶ 手作業で作ったほうが効率のよい場合もある

アナログ原型では比較的簡単にできることでもデジタル原型で進めると逆に手間がかかるという造形もあります。

1mmほどの大きさの六角ナットやリベットの表現はCG上でもできるのですが（図5）、そこから立体出力しても表面処理の際に細かい六角ナットを1つ1つ表面処理するのはかなりの労力になります。それであれば、その面はフラット状にしておき、市販の六画ナットセットを購入して接着したほうが綺麗ですし、作業も早く終わります（図6）。

このように、すべてをデジタル作業で完結させるのではなく、アナログ作業との併用で効率よく作るのが望ましいです。

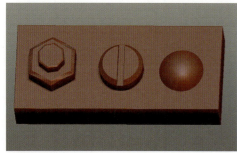

▲図5 CGでのパーツ

▲図6 市販パーツP117-六角ナット　© KOTOBUKIYA

URL http://www.kotobukiya.co.jp/product/product-0000000018/

04 デジタル原型で利用されている人気のモデリング系CGソフトウェア

デジタル原形で使われる代表的なソフトを紹介します。

▶ スカルプトモデリング系ソフト

画面内に粘土があるかのようにスカルプトできるソフトです。

memo　スカルプトとは
アナログの世界では彫刻や彫像を作る際にもととなる素材をこねるなどを行い作成しますが、デジタルの世界でもZBrushのようなソフトウェアがでてきたことにより、擬似的に手でこねる作業ができるようになってきています。

ZBrush
フィギュア制作ではほとんどの方が使用されているソフトです(図1)。

▲図1 ZBrush　URL http://pixologic.com/

3D-Coat
ボクセル系ソフトです。サーフェースも利用できます(図2)。フィギュアの分割等で使います。

Sculptris
スカルプトソフトの体験版的なフリーソフトです(図4)。

▲図2 3D-Coat　URL http://3D-coat.com/

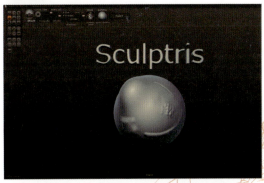
▲図4 Sculptris　URL http://pixologic.com/sculptris/

memo　ボクセルとは
ボクセルとは体積で3Dオブジェクトを表現する仕組みです(図3)。ポリゴンは頂点と頂点を結んだ辺、面で構成されますが、自由な形状変形に対応しづらいため、ポリゴンよりボクセルのほうが向いている場合があります(例えばブーリアン等)。
イメージ的にはボクセルは砂の塊で中身が詰まっています。ポリゴンは表面だけという感じです。

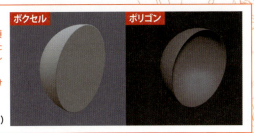
▶図3 ボクセル(左)とポリゴン(右)

▶ ポリゴンモデリング系ソフト

ポリゴンの組み合わせでモデリングをするソフトです。

Metasequoia

MMDのモデル制作等によく利用されているモデリングソフトです。低価格です（図5）。

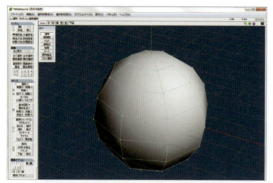

▲図5 Metasequoia　URL http://metaseq.net/jp/

Blender

オープンソースで提供されている統合系3DCGのフリーソフトです（図6）。

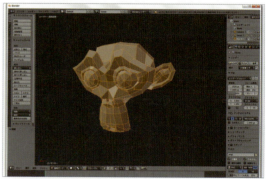

▲図6 Blender　URL http://www.blender.org/

MODO

統合系3DCGソフトです（図7）。モデリング機能が特化しています。ハイエンドソフトに比べてやや低価格です。

▲図7 MODO　URL http://www.thefoundry.co.uk/products/modo/

3Ds MAX

統合系3DCGソフトです（図8）。ハイエンドソフトであり、国内では特にアニメーション業界で使われています。高価格です。

▲図8 3Ds MAX　URL http://www.autodesk.co.jp/products/3Ds-max/overview

Maya

統合系3DCGソフトです（図9）。ハイエンドソフト、映画からゲームまで幅広い業界で使われています。高価格です。

▲図9 Maya　URL http://www.autodesk.co.jp/products/maya/overview/overview

05 デジタル原型師になるために必要な設備

デジタル原型師になるために最低限必要となるPC環境について紹介します。

▸PCとモニターについて

　PCについては、ZBrush（32bit版）は高いスペックを要求しないので、8GBのメモリー（64bit版の場合はメモリー16GB）さえ積んでいれば問題ないと思います。現に、筆者の使用PCは数世代前のものですが問題なく作業可能です。

> **caution!** 32bitと64bitのソフトウェアについて
>
> 本書執筆時点（2015年1月時点）のZBrush 4R6 P2は32bitソフトですが、2015年1月にZBrush 4R7となり64bit版がリリースされましたので、それを使う場合は最低16GBのメモリーがないと作業上、支障がでると思います。モニターの枚数についてはCGソフト用に1画面、資料閲覧用に1画面の計2画面以上あったほうが効率がよいです。
> 筆者の（2015年1月時点）PC環境は以下のとおりです。

PC　　**CPU** Intel Core i3-2100　　**メモリー** 8GB　　**OS** Windows 7（64bit）
　　　　VGA FLEX HD6450 1G DDR3 PCI-E DL-DVI-I+SL-DVI-D/HDMI（メモリー1GB、3画面出力可能）

モニター　ソニー BRAVIA 32インチ、BUFFALO 20インチ

液晶ペンタブレット　WACOM Cintiq 13HD（DTK-1300/K0）

3DCG制作を個人の手の届く範囲の額で、力不足を強く感じることなく行えるスペックはおおむね以下のようになります。

CPU Intel Core i7　3Ghz以上　　**メモリー** 16GB以上　　**VGA** NVIDIA GTX750 Ti以上

　ZBrush自体はグラフィックボードのスペックは関係ない仕様ですが、他のソフトを併用することを考えるとそれなりのグラフィックボードを載せておいたほうがよいです。
　3DCGはとにかくマシンパワーを使う分野なのでお金をかければかけるほど快適にはなりますが数十万円のマシンを買ってもモデリングだけの使用ではオーバースペックになります。従って、まず現状のマシンを使い、不満を感じるのであれば購入を検討するという形でもよいかもしれません。

> **column** ZBrush R7について
>
> 筆者もZBrush R7になって64bit化されたことと、レンダリングソフトのKeyShot for ZBrushを導入したため、今のままでの構成では非力さを感じ、下記の構成でマシンを組み直しました。あくまで筆者の考えるスペックのため、ソフト等の推奨スペックを確認の上、選んでください。
>
> **PC**　**CPU** Intel Core i7-4790K　**メモリー** 16GB　**OS** Windows 8.1（64bit）
> 　　　**VGA** NVIDIA GeForce GTX 960（メモリ2G、4画面出力可能）

> **caution!** 本書で提示しているスペックについて
>
> 本書に記載の推奨スペックは、筆者が提案するスペックです。各ソフトウェアごとに推奨スペックは異なりますので、自身で採用したソフトウェアに合わせて検討してください。

▶ペンタブレットについて

ZBrushはペンタブレット必須と言ってもよいソフトですので導入が必要になります。

ペンタブレットに関しては筆者自身数種類を使っていましたが、WACOM製品が推奨となります。初めての方であれば、WACOM Intuos Pro PTH-651/K1 を選ぶとよいのではないでしょうか。

ペンタブレットを使用したことがない方は慣れるのに1～2月かかるかもしれません。そういう方の場合は、最近では液晶ペンタブレットや液晶ペンタブレットPCが発売されています。直接画面をペンタッチして操作できるので、慣れるまでにそれほど時間はかかりません(図1)。

▲図1 液晶ペンタブレットPC　WACOM Cintiq 13HD

CHAPTER 02

商業フィギュア原型制作のワークフロー

この章では商業フィギュア原型制作の
ワークフローについて説明します。

01 請負仕事を始めるにあたり確認すること

会社と取引を開始する場合、まず守秘義務契約書の取り交わしと支払い条件を確認します。
会社によっては口座登録が必要な場合もありますので、その場合は支払い口座を先方にお知らせします。

> **memo** デジタル原型とアナログ原型
> 本書では、「CG原型」「(CGを略して)原型」をデジタル原型、「現物原型」「リアル原型」をアナログ原型と呼びます。なおデジタル側から見た基準の呼び名や手原型側から基準の呼び方でそれぞれ意味が異なる場合もありますが、あらかじめご了承ください。

▶クライアントと守秘義務契約書を取り交わす

「守秘義務契約書」とは「仕事で仕入れた情報は外部に漏らしません」という意味の契約書です。通常は、双方が署名・捺印したものを2部作成して、1部をもらって保管します。
　なお、仕事関係の資料や見聞きした情報は基本的に一切他言してはいけません。もし、情報を漏洩したことによりクライアントに損害が発生した場合は、損害賠償請求の提訴を起こされることもあります。

▶支払い条件を確認する

　納品した後に制作費がいつ支払われるか、その会社ごとの条件を書類で受け取ります。通常の会社は月末締め翌月末払いが多いのですが、会社によっては翌々月末払いと2ヶ月かかるところもあります。商品を納品して請求書送付した月が検収月となりますので、制作費はすぐには入ってきません。そのあたりはよく注意してください。

> **memo** 納品と制作費支払いについて
> 最近よくありますが、版権監修待ちが半年から1年かかるケースも出てきています。その期間は監修待ちとなりますが、当然のことながら製品を納品していませんので、請求書を発行できず実質収入が途絶えることになります。そうなった時にあわてないように普段から貯金をしておきましょう。

02 フィギュア原型請負の ワークフロー

クライアントからフィギュア原型の制作の仕事を受注〜納品するまでの流れを確認してみましょう。

> **memo** フロー図（図1）について
> 請負形式として、原型制作のみの場合と、原型＋デコマス（デコレーションマスター：工場で色を塗る際の見本）までの場合があります。本書における原型制作の記載は「原型制作＋デコマス制作」として執筆しています。

青 ▶ 請負側
グレー ▶ クライアント側

1 ▶ クライアントから企画書・販売時期・原型納期・設定ないしは、ポーズ案のラフ画の提示、または企画の持ち込みを行います。
- クライアントからの制作依頼の場合は、企画書・販売時期・原型納期・設定・ポーズのラフ案の提示をもらう
- 企画持ち込みの場合は、企画書と資料を制作して提示する

2 ▶ フィギュアのポーズや納期等について打ち合わせを行います。いただいた資料を元に、フィギュアのポーズと制作進行スケジュール・納期等について打ち合わせをします。【1】【2】については、「第3章 フィギュア制作の受注・企画の持ち込みについて」で詳細を説明します。

3 ▶ 見積書を提出します（原型料・納期等の記載）。打ち合わせで決定した仕様・納期で問題なければ、見積書を制作して提示します。
- 1.商品概要（どんな商品であるか）　・2.商品金額（いくらなのか）
- 3.引渡日（いつまでに納品するのか）
例：1/8●●●フィギュア原型製作費●円、1/8●●●デコマス制作費●円、納期●年●月●日

> **memo** 予算や納期について
> 会社ごとに予算も違うので、わからなければ担当者に聞いてみるのが手っ取り早いです。
> 見積りや納期が折り合わなければ、依頼がなくなるケースもあります。

4 ▶ クライアントから正式に注文書をもらいます。この段階で法律上の契約が成立します。
原型が納品できなかった場合や、大幅に納期がずれた場合等、相手側に損害が発生した場合は損害賠償の訴えを起こされる可能性もありますので、仕事として受けるということをしっかりと意識しておきましょう。

> **memo** 注文書について
> 業界的に「フィギュア制作」の趣味からフリーの原型師になった方が多いため、注文書をもらわずに仕事を始める方が非常に多いです。
> そのため、「支払いの段階でトラブルになった」という話もよく聞きますので、自己防衛のためにも必ずもらってください。

商業原型請負のワークフロー

1. クライアントからの依頼or企画持ち込み
2. ポーズや納期等の打ち合わせ
3. 見積書の提出
4. 注文書の受け取り
5. デジタル原型外形形状の制作
6. クライアントへ監修用CG画像を提出
7. 版権元による原型画像の監修 → No（修正指示）
   ↓ OK
8. 立体出力に厚みや細さ調整、パーツの分割
9. クライアントへ立体出力前にCG画像の提出
10. 版権元による原型画像の監修 → No（修正指示）
    ↓ OK
11. 3Dプリンターによる立体出力
12. 出力品表面処理、仮組み
13. クライアントへ原型輸送、版権元による現物監修 → No（修正指示）
    ↓ OK
14. CG画像から瞳デカールの制作
15. クライアントへ瞳デカールデータの提出 → No（修正指示）
    ↓ OK
16. キャストの置き換え・複製
17. 塗装品の制作
18. クライアントへ仮組み塗装品の輸送 → No（修正指示）
    ↓ OK
19. クライアントへ原型・塗装品輸送の納品

▲図1 フィギュア原型請負のワークフロー

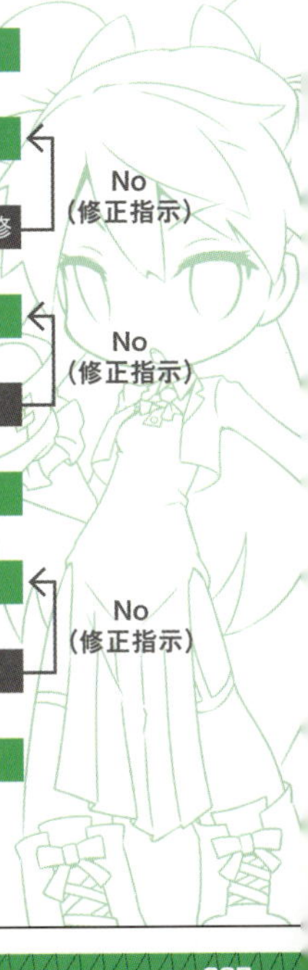

5 ▶ デジタル原型の外形形状の制作（立体出力用の調整前・分割前）を開始します。筆者の場合は単に（CGの外形）デザイン形状の確認と言っています。

6 ▶ クライアントへ監修用CG画像を提出します。場合によってはデータを提出します。キャラクター全体のターン8カット、頭部アップ8カット、その他の細かい部分のカット画像を用意して送ります。提出枚数は多いほど細かく監修チェックできるので、好ましいです。

7 ▶ 版権元によるデジタル原型画像の監修が行われます。OKが出た場合は【8】からのフローになります。修正が入った場合は指示に従い修正して再提出します。その場合、【5】のフローへ戻ります。
最近では版権元もCG画像の監修にも慣れてきていますので、赤ペン修正を入れてくれることが多いです。
文章で修正指示がきた場合、その内容をうまくくみとらないといけません。例えば、「髪の毛をもう少し右になびかせてほしい」「体を左に少しひねってほしい」などの修正指示がきた場合、人によって「少し」のニュアンスの感じ方が違うので、うまく意図をくみとれないと何度も修正することになりかねません。ある程度の経験を積むと、版権元の意図していることがくみとれるようになりますが、数をこなして覚えていくしかありません。

8 ▶ 外形のCG制作が終わったら、量産用（立体出力用）に厚みや細かさの調整を行います。パーツ分割も行います。
参照 「第7章　立体出力用に調整する」にて詳細を説明します。

> **memo 量産用の調整とは**
> CGモデリングをする際にはまずキャラクターのデザイン性優先で制作をしていきます。その後に、量産できるように各パーツに厚みをつけたり、細すぎるパーツを太くしたり、ディテールを強調したりといった調整を行い、最後にパーツ分割をします。この一連の調整のことを示します。

9 ▶ クライアントへ立体出力直前のCG画像を提出します。場合によってはデータを提出します。
量産用の調整が終わると微妙に細部が変わるので、クライアントと版権元へ画像を提出して、問題ないかどうか確認してもらいます。

10 ▶ 版権元によるデジタル原型画像の監修が行われます。OKが出た場合は【11】からのフローになります。修正が入った場合は指示に従い、修正して再提出します。【8】のフローへ戻ります。

11 ▶ 3Dプリンターによる立体出力を行います。通常は専門業者へ依頼します。

> **memo 3Dプリンター出力の専門業者について**
> 近年では3Dプリンターの個人向けサービスが行われています。フィギュアでよく使われる3DプリンターはProJet 3500 HDMaxですので、その出力サービスを行っている業者に依頼することになります。ただし、データというのはデジタル原型師にとっては大切な資産ですので、出力価格だけを見るのではなく、情報管理のしっかりとしたところを選んでください。

12 ▶ 立体出力品の表面処理や仮組みを行います（これが「フィギュア原型」となる）。立体出力品は表面がザラついているため、表面処理をして現物原型にします。
参照 「第9章 立体出力品の表面処理」にて詳細を説明します。

> **memo 「原型」に関する言いまわしについて**
> 筆者の周りの現場では、デジタル原型が基準の場合は「(CG)原型→デジタル原型」のことを示し、「現物原型(リアル原型)→立体出力品を磨いた現存する原型」のことを示しています。このあたりはどこを基準にするかによって言いまわしが異なるかもしれません。

13 ▶ クライアントへ現物原型を輸送します（版権元による現物原型監修）。OKが出た場合は【14】からのフローになります。修正が入った場合は原型を手作業で修正するか、CGを修正して立体出力および表面処理のやり直しになります。【12】のフローへ戻ります。

> **memo CGの修正による再立体出力について**
> CGを修正したほうが早いことが多いのですが、この場合の問題点として「立体出力の再出力になると費用がかさむ」ということです。しかも、監修が1回で通るとは限らないので、その都度再出力していては、膨大な費用になってしまいます。
> また、注文書の内容が立体出力費用も含まれる場合は、「自腹をきる」ということもあるので注意が必要です。

14 ▶ 瞳デカール(目のデカール)の下絵を制作します。
アプリケーションとしてPhotoshopやSAI、Illustratorで作ります。
CGの正面顔のスクリーンキャプチャを元にイラストソフトを使って目を描きます。目のイラストは平面で制作していますが、フィギュアの顔は曲面ですので、仮印刷して顔の曲面に当てて見つつ、縦横の比率を変えて調整する必要があります。

15 ▶ クライアントへ瞳デカールの下絵データを提出します(版権元による下絵の監修が行われる)。
OKが出た場合は【16】からのフローになります。
修正が入った場合は指示に従い修正して再提出します。【14】のフローへ戻ります。
瞳デカールの下絵は、正面の絵と、縦横比を調整した絵を両方提出します。

memo 瞳デカールの下絵
フィギュアの目のシールや量産品の目の印刷に使われる下絵のことです。

16 ▶ レジンキャスト置き換えのため複製を行います。
専門業者へ依頼します(納品には原型と塗装品の2体分が必要なため複製をとる)。
現物原型を複製業者に輸送し複製をとってもらいますが、原型が戻ってきた時は、破損や傷について確認をしてください。破損や傷があった場合は手作業で修復することになります。

memo レジンキャスト置き換え
少量生産向きの合成 樹脂を使った成型方法です。通常は、シリコーンゴムで原型の型をとり、レジンキャストで成型したものに塗装を行います。

17 ▶ 塗装品を制作します(「デコレーションマスター」「デコマス」とも呼ぶ)。
複製されてきたレジンキャストに塗装を施します。
参照 「第10章 完成品の塗装」にて詳細を説明します。

memo デコレーションマスター
工場用の彩色サンプルのことです。量産工場では、この見本を元にして製品の色味を決定しています。

18 ▶ 仮組みした塗装製品をクライアントへ輸送します(版権元による塗装品の監修が行われる)。
OKが出た場合は【19】からのフローになります。
修正が入った場合は指示に従い修正して再提出します。【17】のフローへ戻ります。
版権元が色味の調整指示を出してきた場合、塗り直します。場合によっては、塗った色をすべて落として再度塗り直しということもあります。

19 ▶ 原型、接着して固定した塗装品、瞳デカールデータを納品します。納品書、請求書も送付します。
法人の場合、請求書を送付しないと経理で受理しないこともあります。そうなると支払いが行われないので注意してください。
また月末に請求受理されるか、翌月1日にされるかで、検収月が変わるため、実質1ヶ月も支払日が伸びてしまうことがありますので注意が必要です。

▶近年のワークフローについて

【1】から【19】が全体の流れのワークフローになります。10年以上前は比較的監修がゆるく自由に制作できていたのですが、近年では実に各工程ごとに版権元の監修が入るようになりました。
それだけ製品のクオリティーに対する要求が上がったということです。その一方、原型師側からすると、とてもたいへんな作業量になってきています。

キャラクター設定

▶キャラクター設定背景

西暦2120年。突如として異空間より横浜中華街に現れたモンスターにより、横浜を中心とする地域は大きな被害を受けた。警察や軍隊の装備では歯が立たず、とほうにくれているところ、キッチンにあるものを武器にできる「Ryori-nine」と呼ばれる戦士が現れ、死闘の末、モンスターの親玉を倒すことができた。
「Ryori-nine」は異空間で戦いを続ける戦士たちであった。
20年後、復興をとげたネオ・チャイナタウン(旧横浜中華街)であったが、まだモンスターが闊歩するあやうい状況が続いていた。そうした状況を打開すべく、「Ryori-nine」の戦士たちの二世が立ち上がり、戦いを繰り広げるのであった。

▶名前

夢華(モンファ)

▶年齢/スリーサイズ/好きな食べ物

年齢 18歳
スリーサイズ B80/W50/H70
好きな食べ物 中華まん、冷やし中華

▶両親

お父さんは中華街の料理人。
お母さんは元「Ryori-nine」の1人。
中華包丁の使い手。娘に武器を託す。

▶武器

銃火包丁(じゅうか・ぼうちょう)
普段は中華包丁だが、
敵との戦いでは銃火包丁に変化。
折りたたんだ部分伸ばすと、機関銃になる。

▶得意技

百花繚乱(ひゃっか・りょうらん)
花吹雪が舞う中、敵は料理される

▶姉妹

姉:薔華(チィアンファ)
妹:花琳(ファリン)

CHAPTER 03
フィギュア制作の受注・企画持ち込みの方法

この章では、クライアントから原型の制作依頼を受けた場合と、企画持ち込みの場合について解説します。

> **memo　イラスト調整について**
> デジタル原型でのフィギュア制作に関しては分業化が進んでおり、下記の3つが主な工程になりますが、本書ではすべての工程を行うことを前提に執筆しています。
> ❶デジタル原型制作
> ❷立体出力、表面処理と原型の調整(現物原型となるもの)
> ❸キャスト置換え複製、塗装品の制作

> **memo　キャストとは**
> 主にレジンキャストのことを言います。レジンキャストとは「無発泡性ウレタン樹脂」のことで、フィギュアの型をとる際に利用する液体です。

01 クライアントからの原型制作依頼の場合

クライアント側で企画・生産スケジュールを立ててから、原型師に制作依頼が来る場合について解説します。実際にはこのケースが多いと思います。

1 ▶ クライアントからの依頼

クライアントからイラスト（または設定）、ポーズ案、商品スケール、フィギュア制作費、制作期間の相談がきます。

この段階でのチェックポイントは、イラストが自分の技術で納期内に処理できるかを精査します。問題がなければ一度打ち合わせをします。

2 ▶ クライアントと打ち合わせ

クライアントと細かい内容について打ち合わせを行います。

打ち合わせの時にまず確認するべきことは、「ポーズ、商品サイズ（実寸法）、作業範囲、納期、予算」となります。

3 ▶ ポーズ

ポーズについては、イラストのままのポーズなのか、オリジナルのポーズなのかについて確認を行います。オリジナルポーズの場合はポーズイラストを提出してもらえるのか、こちらで考えるのかを明確にします。

4 ▶ 納期

納期の確認をします。筆者の場合は、デジタル原型のみの作業の場合は1〜1.5ヶ月、リアル原型までの作業の場合は1.5〜2ヶ月、塗装までの作業の場合は2ヶ月とお伝えすること多いです。

5 ▶ 作業範囲

作業範囲は、デジタル原型だけなのか、立体出力・表面処理・キャスト置き換え複製・塗装のどこまでの範囲の依頼なのかを確認します。

6 ▶ 商品サイズ

商品サイズについては、原型の段階で全高何mmになるのかを確認します。

7 ▶ 予算

予算はメーカーごとに多様で、守秘義務もあり金額については表には出ませんが、わからない場合はざっくりとの予算を聞いておくと見積もりが立てやすいです。

8 ▶ そのほか

それ以外には、製品化する際に考えられる問題点を事前に確認します。

例えば、髪の毛が細すぎて太くしないと量産できないのでどこまで調整してよいかとか、イラストのデッサンがずれている場合イラストに合わせるのか、デッサンを直してよいのかなどです。

9 ▶ 最終確認

打ち合わせが終わったら、それらを文書にしてクライアントに確認をとっておきます。

> **memo** 発注内容などの記録は必ず残す
>
> 仕事の発注や修正指示を電話だけで済ませようとするクライアントもいますが、何かトラブルになった時の自己防衛のためにも、やりとりは必ず文書でもらって残してください。最悪、担当者が人事異動でいなくなって商品企画自体がうやむやになってしまうケースもあります。そうなると泣き寝入りになりかねません。プロの社会人として続けていくには、自己リスクを減らすということも必須となります。

02 イラストレータとのやりとり

本書は、原画制作のニリツ氏も打ち合わせに同席していただき、フィギュアの方向性やキャラクターの見せ方等の相談をすることができましたので、その流れを紹介します。

▶フィギュアの設定について

筆者からの提案は本書のデジタル原型制作の趣旨として「胸元を見せたい」「プリーツスカート要素がほしい」「三つ編み」「メカパーツ」「スケールとデフォルメの2パターン」の記事は入れたいとの提案をしました。

そこで、「中華娘」「包丁ぽい武器」と言う話が出てきましたので、武器は銃と刀に可変できるようにすると立体的にも面白いのではということになりました。

▶第一稿

打ち合わせ内容からニリツ氏が描いた第一稿です（図1、2）。
全体的に大きく流れるような構図で立体映えしそうなイラストです。

▲図1 ニリツ氏のスケールフィギュア線画の第一稿

▲図2 ニリツ氏のデフォルメフィギュア線画の第一稿

第一稿の調整

　第一稿を見て、筆者からフィギュア化するにあたり、考えられる問題点の提示とデザイン調整をお願いしました（図3、4）。「おかもち」からラーメンが飛び出していると動きがあってよいかなとも考えたのですが、ラーメンのモデリングと塗装が半端なく手間がかかりそうなのと、その解説だけで40ページは必要そうだったため、そちらのほうに力を入れすぎても、本書のフィギュア制作の本題と趣旨が変わってきてしまうためとりやめにしました。

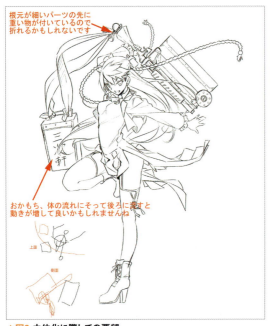

▲図3 立体化に際しての要望

▲図4 立体化に際しての要望

> **memo** イラスト調整について
>
> 原型下請け仕事では、通常イラストレータが原型師の要望でイラストを調整してくれることは筆者の経験上ではほぼありません。
> 今回はデジタル原型師本出版が前提にありましたので、特別にイラスト調整をしていただけました。

▶ 決定稿

修正要望から調整したニリツ氏の決定稿です（図5、6、7、8）。

▲図5 スケールフィギュア線画の決定稿

▲図6 スケールフィギュアの決定稿

▲図7 デフォルメフィギュア線画の決定稿

▲図8 デフォルメフィギュアの決定稿

▶ 決定稿で制作を開始

デザイン決定稿が届いたら見積書を提出して、クライアントから注文書が届いたら制作を開始します。

03 企画持ち込みについて

クライアントへ企画を持ち込みたい場合について解説します。

▶クライアントを説得するには企画書が必要

　このフィギュアが作りたいと思った時、クライアントに企画持ち込みをする場合もあります。
　その際、単純に企画担当者に「私はこのキャラクターを作りたいので作らせてください」と提案するだけでは企画は通りません。
　企業としては商品を販売して利益を出さなければいけないわけですが、1アイテムにつき数百～1000万弱の費用がかかりますので、利益見込みが不透明なものを提示してもそのようなリスクをおかすことはできません。
　また、通常担当者は数種類平行してアイテムの進行を抱えていますので、リサーチして資料集めをしている時間もあまりありません。
　特に近年ではアニメのサイクルが早く、いざ企画を立ち上げて商品化しても販売時期の9ヵ月後にはすでに人気がなくなり商品が売れないとなれば、後々の商品展開にも影響してきます。
　そこで、こちらで利益が見込めるという説得力のある資料を提示する必要があります。

▶説得力のある企画書にするには

　例えば、キャラクターが登場する小説の販売部数、絵師の人気度、アニメの視聴率とそのTwitterのフォロワー数、グッズのリツイート数や放送時の掲示板の伸び率、イラストSNSでの投稿数、DVD・BD（Blu-ray Disc）の売り上げ枚数等、関連するあらゆる情報を数値やグラフ化して、現状売れているフィギュアのデータと比較した企画書を作っておくと説得力が増します。
　資料がどうして大切なのかというと、会社の場合商品を作るには予算を確保しなければならず、その決定を行うには上司の承認が必要になるからです。つまり、担当者が理解してくれていても、そのキャラクターをまったく知らないかもしれない上司を納得させるだけの資料が必要なのです。そのため、プレゼンテーション用の企画資料を用意してあげる必要があります。
　うまく企画書が通ったら、通常の下請け受注と同じように仕事を進めていきます。

CHAPTER 04

3DCG モデリングソフトの基本的な使い方

この章では、本書で使用する3DCGモデリングソフトの
ZBrush と3D-Coatの基本について解説します。

01 ZBrushの基本画面

フィギュア制作の現場でもっとも使われているZBrushの基礎知識の項目で重要な項目を中心に解説します。

▶ ZBrushの起動

ZBrushを起動すると図1のようになっていると思います。出てきているLightBox❸を隠すにはトップシェルフにある[LightBox]をクリックしてください。

▶ ZBrushのユーザーインターフェース

ユーザーインターフェースの各部の名称は以下の通りです。

- ❶ トップシェルフ
- ❷ ライトシェルフ
- ❸ LightBox
- ❹ ブラシサムネール
- ❺ ストローク サムネール
- ❻ アルファサムネール
- ❼ テクスチャーサムネール
- ❽ マテリアルサムネール
- ❾ カラーサムネール
- ❿ ブラシカーソル
- ⓫ オブジェクト
- ⓬ クイックセーブ

▲図1 ZBrush 4R6 P2のユーザーインターフェース

> **memo 本書のZBrushのバージョンについて**
> 本書ではZBrush 4R6 P2での操作方法を基準として解説をしています。R6とR7で仕様が変わっている部分については補足説明をしています。なおZBrushのインストール方法についてはP.009から010で確認してください。

02 CG画面内の軸

CG画面内の軸について解説します。

▶ ZBrushの軸の方向

ZBrushの軸の方向は図1のようになります。CGソフトやCADソフト等によってもXYZの軸の方向が違います。

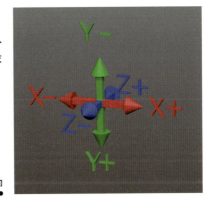

▶ 図1 ZBrushの軸の方向

▶ ライトシェルフにあるツール

ライトシェルフにある移動・拡大縮小・回転などのツールは表1の通りです。他の部分は割愛しますが、それぞれアイコンをクリックしてその挙動を確認してください。

アイコン	説明	アイコン	説明	アイコン	説明
Persp	パースを付けてプレビューできる	Frame	オブジェクトを画面全体に表示する（ショートカット：[F]キー）	Rotate	画面を回転させる
Floor	フロア（床）を表示する	Move	画面を移動する	PolyF	ポリグループ、メッシュ線を表示する
Local	最後にクリックした位置を中心にビューを回転する	Scale	画面を拡大縮小する	Transp	[SubTool]のアクティブなオブジェクトに他のサブツールを半透明で覆ったような見た目になる。

▲ 表1 移動・拡大縮小・回転などのツール

03 プリミティブ(基本形状)を利用する

基本形状の呼び出し方について解説します。

▶プリミティブ(基本形状)の呼び出し方

[Tool](図1❶)をクリックするとサブパレットが展開され、「3D Meshes」から任意のプリミティブを選択することができます(図1❷)。キャンバス上でドラッグし、[Edit](図2)をクリックすると(ショートカット:[T]キー)画面内で操作できるようになります(この状態ではまだスカルプトはできない)。

▲図1 中段に「3D Meshes」が表示されている

▶図2 [Edit]

▶Duplicate

[Tool]→[SubTool]→[Duplicate]をクリックするとSubToolのオブジェクトを1つ下の段に複製します(図3)。

▶図3 [SubTool]の画面

▶Initialize

呼び出したプリミティブを数値制御で分割数や大きさ等を変えることができます。
[Tool]→[Initialize]をクリックして数値を変えます(図4)。調整後、[Tool]→[Make Polymesh3D]をクリックして(図5)、3Dオブジェクト化し、初めてスカルプト可能になります。

▲図4 プリミティブの数値制御

▲図5 [Make polymesh3D]

04 ブラシを利用する

スカルプトを行うには、ブラシパーツを利用します。ここでは制作でよく利用するブラシパーツについて解説します。

スカルプトを行うためのブラシパーツです。ブラシサムネールをクリックするとパレットが展開されます(図1)。

デフォルトのブラシも種類が非常に多いのですが、自分の使いやすいものを厳選しておくとよいでしょう。インターネット上でZBrushユーザーが無料公開してるブラシを追加することもできます。

[Alt]キーを押しながら使うことにより動作が反転(例えば盛り上げるブラシが掘り下げる動作になったり)するものや、特殊な動作に切り替わるものがあります。

▲図1 ブラシサムネール

▶ブラシの種類

ブラシパーツの代表的なものを解説します。

Standardブラシ
極基本的な盛り上げる動作をします(図2)。

▲図2 Standardブラシ

Clayブラシ
粘土を塗り足す感覚に近い動作をします(図3)。

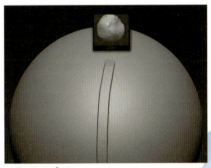

▲図3 Clayブラシ

Moveブラシ
引っ張る動作をします(図4)。

▲図4 Moveブラシ

Smoothブラシ
凸凹をなだらかにする動作をします。Smoothブラシだけは他のブラシと少し扱いが違い、[Shift]キーを押しながら、使用します(図5)。スムースブラシのモードになるとdrawの輪が青くなります。

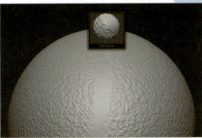

▲図5 Smoothブラシ

▶ フリー配布されているブラシの追加

　スカルプトをより便利にするブラシがインターネット上で無料配布されています。ここでは榊馨氏が制作したブラシをインストールします。

・榊馨氏製作のブラシ
URL http://sakakikaoru.blog75.fc2.com/blog-category-5.html

　ダウンロードしたSK_Brush_20141029.zipを解凍して、ブラシファイル（拡張子.ZBP）を以下のディレクトリにコピー＆ペーストしてZBrushを再起動します（図6）。なお、使用しているOSのバージョンやインストール場所によっては下記のディレクトリ階層とは異なります。

C:¥Program Files（x86）¥Pixologic¥ZBrush 4R6¥ZStartup¥BrushPresets

▶図8 導入したブラシパーツが追加されている

▶ 榊馨氏製作ブラシの紹介

sk_Clothブラシ
布のシワをつける時に使っています（図7）。このブラシの特徴は、プリーツスカート等の折込みを極力崩さないようにシワを追加できます（図8,9）。

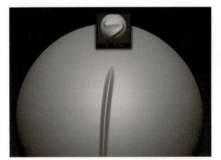
▲図7 sk_Clothブラシ

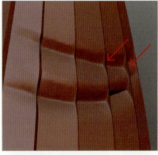
▲図8 通常のブラシでシワをつけると端にポリゴンが収束しやすい

▲図9 sk_Clothブラシでは収束しにくくなるようにカスタマイズ調整されている

sk_ClayFillブラシ
掘った溝などを埋めたい時等に使います（図10）。

sk_Slashブラシ
シャープな溝を入れたい時に使います（図11）。逆の効果を使い、髪の毛の端をシャープにすることもできます（図12）。

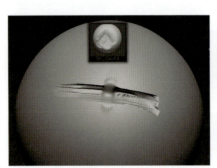
▲図10 sk_ClayFillブラシ

▲図11 sk_Slashブラシ

▲図12 ［Alt］キーを押しつつブラシを逆操作させて髪の毛の端をシャープにすることもできる

sk_AirBrushブラシ
色塗り用ブラシです(図13)。

▲図13 sk_AirBrushブラシ

▶ブラシのコントロールについて

ブラシのコントロール設定の主な機能は表1、図14の通りです。

▲図14 ブラシのコントロール設定

名称	説明
Z Intensity	ブラシの強さ(影響度)を調整できる
Focal Shift	ブラシの中心から外側に対する影響の減衰度を調整できる
Draw Size	ブラシのサイズを調整できる
Dynamic	onにすると画面の拡大縮小等の変化に影響されずにブラシサイズをロックできる。ZBrush 4R7では[Dynamic]は[Shift]キーを押しながらでないとon／offができない
Zadd	このアイコンがonでブラシの影響が有効になる
Zsub	[Zadd]をクリックした時と逆の動作をする([Alt]キーを押した時の動作)。Moveブラシのように一部Zsubが[Alt]キーを押した時の動作とは異なる場合もある

▲表1 ブラシのコントロール設定

05 Materialと色のコントロール

マテリアルの色の調整と設定方法について解説します。

マテリアルのサムネールをクリックすると（図1）、パレットが展開されます。ここでメッシュに適応させるマテリアルを切り替えることができます。

オブジェクトに適応する場合は[M]を有効にした状態で（図2）、メニューから[Color]→[Fillobject]をクリックします（図3）。

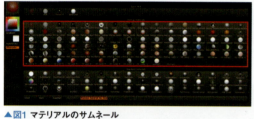
▲図1 マテリアルのサムネール

▲図2 [M]を有効にするとマテリアルが塗れるようになる

▲図3 カラーパレット

▶マテリアル・色のコントロールについて

マテリアルや色を塗る際のコントロール設定は、図4、表1の通りです。

▲図4 トップシェルフ

名称	説明
Mrgb	マテリアルと色を同時に塗ることができる
Rgb	色を塗ることができる
M	マテリアルを塗ることができる
Rgb Intensity	塗る強さ（影響度）を調整できる

▲表1 マテリアル・色のコントロール設定

06 Divideを利用する

Divideを利用してオブジェクトを分割します。

Divide（分割）はポリゴンの分割数を上げる機能です。[Tool]→[Geometry]→[Divide]をクリックします（図1）。ショートカットキーは表1の通りです。

ポリゴンをDivideするとポリゴン数が4倍ずつ増えていきます（図2）。[Divide]の上部にあるスライダーで、分割レベル表示（Sdiv）を上下させることができます。

ショートカットキー	説明
[Ctrl]+[D]キー	[Tool]→[Geometry]→[Divide]
[D]キー	Sdivを上げる
[Shift]+[D]キー	Sdivを下げる

▲表1 分割レベル表示のショートカットキー

▲図1 GeometryのDivideまわり

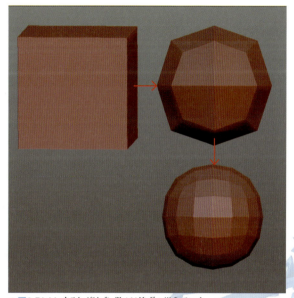

▲図2 Divideするとポリゴン数が4倍ずつ増えていく

07 マスクを利用する

マスクの効果と利用方法を解説します。

▶ マスクの効果

マスクを利用するとスカルプト等の影響を受けないようにマスキングすることができます（図1）。

［Ctrl］キーを押してマスク機能を有効にすると、ブラシサムネールが変化し、drawの輪も黄色になります（図2）。

▲図1 マスクした部分は影響を受けなくなる

▲図2 マスク有効時のブラシサムネール部分

▶ マスクを塗る

［Ctrl］キーを押しながらマスクを塗ります。まず画面空白部分からドラッグで囲みます。そしてマスクの上から［Ctrl］キーを押しながらクリックすると境界線をぼかしていくことができます（図3）。

マスクの上から［Ctrl］＋［Alt］キーを押しながらクリックすると、境界線をシャープにしていくことができます。

何もない空間で［Ctrl］キーを押しながらクリックすると表示の反転になります。何もない空間で［Ctrl］キーを押しながらドラッグするとマスクの解除になります。

パレットを表示させるとマスクの機能も多様にあるので、一通り試してみてください（図4）。

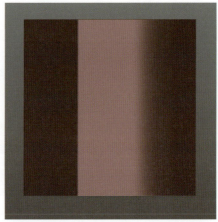
▲図3 左側はシャープになったマスク。右側はぼかしのかかったマスク

▲図4 マスク機能の一覧

08 ビジビリティを利用する

ビジビリティを利用すると、ポリゴンの一部分を表示・非表示にすることができます。

▶ ビジビリティを使う

　［Ctrl］＋［Shift］キーを押してビジビリティ機能を有効にすると、ブラシサムネールが変化し、drawの輪も白色になります（図1）。

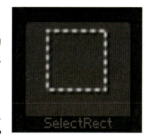

▶図1 ビジビリティ有効時のブラシサムネール部分

▶ 選択部分のみを表示する

　［Ctrl］＋［Shift］キーを押しながらドラッグして選択（緑枠）すると、選択部分のみの表示になります（図2）。

▶ 選択部分のみを非表示にする

　［Ctrl］＋［Shift］＋［Alt］キーを押しながらドラッグして選択（赤枠）すると、選択部分のみの非表示になります（図3）。

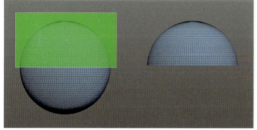

▲図2 緑枠選択で選択部分のみ表示

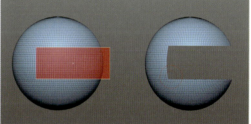

▲図3 赤枠選択で選択部分のみ非表示

▶ 表示の反転と全表示

　何もないところで［Ctrl］＋［Shift］キーを押しながらドラッグで表示の反転になります。何もないところで［Ctrl］＋［Shift］キーを押しながらクリックで全表示になります。
　パレットを表示させると選択の機能も多様にありますので、一通り試してみてください（図4）。この機能は、入りくんだ部分のモデリングする時に邪魔な部分を非表示にして作り込んだりと、かなり多用しますので、ぜひ覚えておいてください。またポリグループと併用することによって、その効果を発揮します。

▲図4 ビジビリティの機能一覧

09 ポリグループを利用する

ポリグループの利用方法について解説します。

ポリグループとはポリゴンにグループを割り当てる機能です(図1)。これを応用することで効率的に作業を進めることができます。

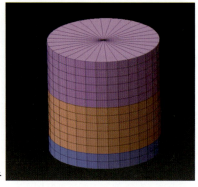

▶図1 色ごとにグループ化した様子

Polyframeがonになっていないと見ることができません。[PolyF]をクリックします(図2、ショートカット：[Shift]＋[F]キー)。

なお[Tool]→[Polygroups]内にはさまざまな適応方法が用意されています(図3)。

▶図2 [PolyF]

▲図3 Polygroupsの機能

10 トランスポーズモードを利用する

トランスポーズモードは、全体の形状を大きく変更したい時に使用します。
独特の操作性のため使い方が特殊ですが、慣れると強力なツールとなります。

▶基本的な操作

トップシェルフにあるMove(移動)、Scale(拡大縮小)、Rotate(回転)のどれかをonにします(図1)。3Dメッシュ上でドラッグすると表1のようなマニピュレーターが出てきます(図2)。

なお、表1以外にも、特殊な操作法があります。それについては、第5章以降のスケールフィギュアやデフォルメフィギュアの制作過程において解説します。

▲図1 Move(移動)、Scale(拡大縮小)、Rotate(回転)

モード	説明
Move(移動)モード時	3つの丸の中央の丸にマウスカーソルを乗せると白い丸が出る。ドラッグするとオブジェクトが移動する
Scale(拡大縮小)モード時	3つの丸の終点(図2の右側の丸)の赤丸をドラッグすると始点を中心にスケールがかかる
Rotate(回転)モード時	3つの丸の終点の赤丸をドラッグすると始点を中心に回転する

▲表1 マニピュレーター

▲図2 トランスポーズモードのマニピュレーター

> **memo** ZBrush R6とZBrush R7のマニピュレーターの操作の違い
>
> ZBrush R6までは終点の隣にある白丸はカメラの回転でしたが、ZBrush R7では白丸をクリックするとマニピュレーターの始点がオブジェクトの中心に移動するようになりました。
> ZBrush R6では[Tool]→[Deformation]→[Size](図3)を選択すると、座標軸原点を中心にスケールがかかるためやや使い勝手が悪く、手動でのマニピュレーター生成では正確なオブジェクト中心に始点を持っていくのは困難でした。しかし、ZBrush R7ではその点が改善され、よりオブジェクトの中心からの拡大縮小等が容易になりました。

◀図3 [Deformation]→[Size]

▶トランスポーズモードからスカルプトモードに戻る場合

トランスポーズモードを終えて、通常のスカルプトモードに戻るには[Edit](ショートカット:[T]キー)をクリックします。

▶アクティブシンメトリーについて

基本的にはアクティブシンメトリー(ショートカット:[X]キー)はオフにしてください。オンのまま使用すると、望まない結果になることもあります(例えばMoveで横に移動させたいのに左右に引き伸ばされる等)。

11 ZSphereⅡを利用する

ZSphereⅡの利用方法について解説します。

ZSphereⅡを利用すれば、ボールとジョイントを自由に配置し、モデリングの土台を簡単に作ることができる機能です(図1)。

この機能は、第5章で解説するキャラクター物の素体を作る際に効果を発揮します。

ZBrush 3.5 R3からスキン生成のアルゴリズムが変更になりZSphereⅡとなりました。(P.052の「ZSphereの通常モードとクラシックモードについて」参照)。

▶図1 ZSphereⅡで作った人型

[Tool]でサブパレットを展開し、[ZSphere]を選び(図2)、キャンバス上でドラッグしたら[Edit](図3)をクリックすると(ショートカットキー:[T]キー)、編集可能になります。

特徴としては、一番はじめのスフィアが基準点の親となり、それに対して子を追加してゆきます。

▲図2 サブパレット

▲図3 サブパレット

---

column 親・子の関係

親・子の関係はZSphereでは非常に大事なポイントとなります。

経験を積むとわかるのですが、親は子と同時移動がしにくいのと、クラシックモードではメッシュの張られ方に癖があるため、基本的には動かさなくてよい位置に配置するほうが効率的です。

筆者は、ZBrush覚えたての頃は、重心となる腹部に親を置いて制作していたのですが、不便さを感じました。制作の中で検証した結果、現在は首から上の位置に親を配置しています。

ZSphereの基本コントロール

Drawモード(ショートカット:[Q]キー)で、すでにあるZSphere上でドラッグすると、新しく子のスフィアができます(図4)。

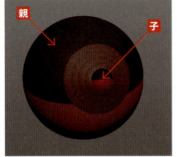

▶図4 ZSphereの親と子

Move(移動)、Scale(拡大縮小)、Rotate(回転)をonにすると利用できる機能

トップシェルフにあるMove(移動)、Scale(拡大縮小)、Rotate(回転)をonにすると表1の機能が使えます。

モード	説明
Move(移動)モード (ショートカット:[W]キー)	スフィアを動かすことができる
Scale(拡大縮小)モード (ショートカット:[E]キー)	スフィアを拡大縮小することができる
Rotate(回転)モード (ショートカット:[R]キー)	スフィアを回転させることができる

▲表1 Move(移動)、Scale(拡大縮小)、Rotate(回転)をonにすると使える機能

スフィアとスフィアを繋ぐリンク部分で利用する場合

スフィアとスフィアを繋ぐリンク部分で使うことにより別の動作もします(図5)。

モード	説明
Drawモード	リンクの親と子の間に新しいスフィアを作る(図6)
Move(移動)モード	リンクで触っている部分より子になっているスフィア全体に対して、親を中心に動かすことができる。[Alt]キーを押しつつ行うと子の形状を維持したまま移動できる
Scale(拡大縮小)モード	リンクで触っている部分より子になっているスフィア全体に対して拡大縮小できる

▲表1 Drawモード、Move(移動)モード、Scale(拡大縮小)モード

▲図5 リンク部分

▲図6 スフィアの追加

▶スフィアを調整する

[A]キーを押すことによって、メッシュ化した時の状態をプレビューすることができます。適宜に切り替えながらスフィアを調整していきます。

調整が完了したら[Tool]→[Adaptive Skin]→[Make Adaptive Skin]をクリックすると(図7)、スキン(皮)がメッシュ化されたオブジェクト(図8)がツールに新規追加されます。

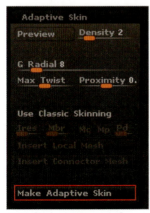

▲図7 [Make Adaptive Skin]

▲図8 スフィア(左)とスキン(右)

ZSphereの通常モードとクラシックモードについて

　以前のZSphereから進化して、ZBrush 3.5 R3からスキン生成のアルゴリズムが変更になりました。旧タイプのアルゴリズムに戻したい場合の設定もできます。

▶通常モード(ZSphereⅡモード)の場合

　通常モードにする場合、[Tool]→[Adaptive Skin]→[Preview]をクリックします。通常モードのほうはスフィアに比較的密着した感じのスキンの張られ方をします(図9、10、11)。

▲図9 元のZSphere

▶図10 通常モード(ZSphereⅡモード)時の設定

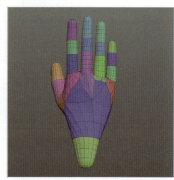

▲図11 通常モード(ZSphereⅡモード)のスキン

▶クラシックモード(旧ZSphereモード)の場合

　[Tool]→[Adaptive Skin]→[Use Classic Skinning]をonにしてから[Preview]をクリックします。

　クラシックモードのほうはスフィアに対して中間ポイント的なスキンの張られ方をするので、緩やかなラインが出しやすいです(図12,13)。また、ローポリもできるのでパーツの土台作りに向いています。

▲図13 クラシックモード(旧ZSphereモード)のスキン

▶図12 クラシックモード(旧ZSphereモード)時の設定。[Use Classic Skinning]をクリックする

---

column 通常モードとクラシックモード

通常モードはメッシュが細かいのに対して、クラシックモードは比較的ローポリを構築しやすいです。筆者の場合、ZSphereはクラシックモードを主に使用しています。どちらも特性が違いますので、一度使ってみて自分のやりやすいほうを使うのがよいでしょう。

▶クラシックモードのスキンの張られ方についての注意

クラシックモードは親のスキンの張られ方に特徴があり、スフィアの角度によってはスキンが角ばって張られてしまいます（図14,15,16）。この部分は制御が非常に難しいため、メッシュ化してモデリングした最後に余分な部分を切り取って削除するのを前提の作り方をするとよいでしょう（筆者は「捨てポリ」と呼んでいる）。

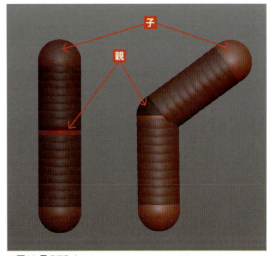
▲図14 元のZSphere

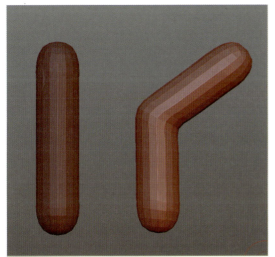
▲図15 通常モード（ZSphereⅡモード）のスキン

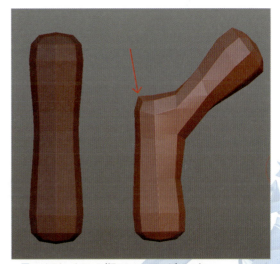
▲図16 クラシックモード（旧ZSphereモード）のスキン

> **column** ZSphereの親を首から上に配置して使えないメッシュについて
>
> ZSphereの親・子関係でも触れましたが、クラシックモードでの親のメッシュの張られ方が特殊なこともあり、筆者はZSphereの親を首から上に配置して使えないメッシュは後で切り取るという使い方をしています。

12 ZRemesherを利用する

ZRemesherの利用について解説します。

ZRemesher は[Tool]→[Geometry]→[ZRemesher](図1)をクリックすると利用できます。

ZRemesherは、ある程度元の流れに沿った状態に自動的にポリゴンを再構築してくれる機能になります。

▶図1 ZRemesher

▶ZRemesherとDynaMeshの違い

DynaMeshとの違いは、DynaMeshが均等に分割されるのに対して、ZRemesherは簡易リトポロジーのようにポリゴンが構築される点です(図2)。

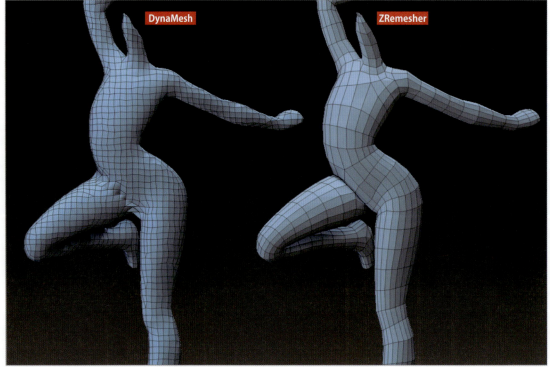

▲図2 左がDynaMesh、右がZRemesher。画像はわかりやすくするためにローポリゴンにしている

13 DynaMeshを利用する

DynaMeshの利用について解説します。

　DynaMeshは全体の形状を保ったままポリゴンを均等に再構築してくれるツールです。例えば、スカルプト中ポリゴンが伸びる（図1）と作業しづらいのですが、DynaMeshを使えば、ポリゴンを均等化しつつ、スカルプトすることができます（図2）。

▲図1 ポリゴンの伸びた様子

▲図2 DynaMesh化した様子

▶ DynaMeshの更新について

▲図3 DynaMeshの設定画面

　DynaMeshは、[Tool]→[Geometry]→[DynaMesh]→[DynaMesh]をクリックして、その効果を適用します（図3）。

　Sdivが残っていると警告メッセージ（図3）が出てきますが、その場合は[NO]をクリックしてください（図4）。

　DynaMeshの適用中は、キャンバス空間で[Ctrl]キーを押しながらドラッグ（マスクの時と同じ操作）するとDynaMeshの更新になります。マスクをかけたい時にうっかりDynaMeshの更新にならないように、使わない時はoffにしておきましょう。

▲図4 警告メッセージ

> **memo** DynaMeshの更新をしたくない場合
> DynaMeshの更新をしたくない場合は、DynaMeshをoffにしてください。マスクと同じ操作のためよく間違えることが多いです。

> **memo** DynaMeshがうまく動作しない場合
> DynaMeshは一部バグのような挙動でうまく動かないことがありますので、今後のアップデート期待したいところです。

14 ブーリアンを利用する

ZBrushでのブーリアンの使い方を説明します。

▲図1 キューブ（パーツA）と円（パーツB）

▲図2 [SubTool]に配置

▶ 和ブーリアンの場合

ブーリアンを利用するため、[SubTool]にキューブ（パーツA）と円（パーツB）を配置します（図1、2）。

[SubTool]のパーツA、パーツBの丸マークが両方左側になっているか、確認します（図3）。

パーツAをアクティブにした状態で、[Tool]→[SubTool]→[Merge]→[MergeDown]をクリックすると下のパーツと同じ[SubTool]内に配置されます（図4）。なお、まだこの段階ではまだブーリアンはされていません。

[Tool]→[Geometry]→[DynaMesh]で[Blur][0]、[Resolution][数値は自由]、[Group]はoffにし[DynaMesh]をクリックするとパーツがDynaMesh化されて和ブーリアンされます（図5、6）。

▲図3 丸マークが両方左側か確認する

▲図4 下のパーツとマージする

▶図6 和ブーリアンされたメッシュ。メッシュが繋がっているのがわかる

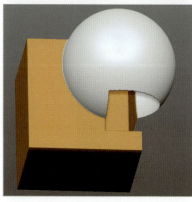

▲図5 DynaMesh化する

▶差ブーリアンの場合

　[SubTool]の順番を、パーツAを上にして上丸マークを左側、抜きパーツBを下にして丸マークを真ん中にします（図7）。

　[Tool]→[SubTool]→[Merge]→[MergeDown]をクリックすると下のパーツと同じ[SubTool]内に配置されます（図8）。まだこの段階ではまだブーリアンはされていません。

　[Tool]→[Geometry]→[DynaMesh]で[Blur][0]、[Resolution][（数値は自由）]、Groupをonに設定し、[DynaMesh]をクリックするとパーツがDynaMesh化されて差ブーリアンされます（図9、10）。

　うまくブーリアンされない場合は、画面空間で[Ctrl]キー＋ドラッグで、DynaMeshを更新してください。

　[DynaMesh]がonになっている間は、画面空間の[Ctrl]キー＋ドラッグ（通常、マスクをする操作）で、DynaMeshの更新に変化します。

▶図7 抜かれる側のオブジェクトの丸マークを左側、抜く側のオブジェクトの丸マークを真ん中にする

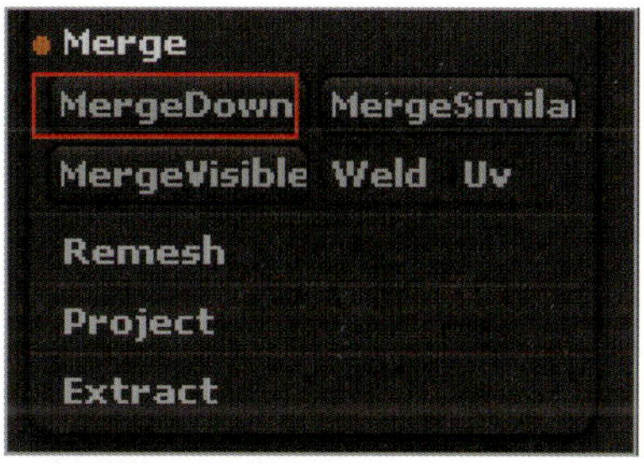

▲図8 下のパーツとマージする

▶図9 GroupをonにしてDynaMesh化する

▲図10 差ブーリアンされる

> **memo　和演算と差演算の切り替え**
> 丸マークを一番左側にすると和演算、真ん中にしてDynaMesh化すると差演算の作用になります。

> **caution!　[SubTool]の順番**
> [SubTool]の順番は抜かれるほうのパーツが上、抜きパーツは下でないといけません。

> **caution!　差ブーリアンのGroup**
> 差ブーリアンの場合はGroupをonにしておかないとうまく動作しないようです。

15 Spotlightを利用する

Spotlightの使い方を説明します。

用意したテクスチャーをポリペイントとして転写することができます。

テクスチャーパネルをクリックして［Import］から画像を読み込みます（図1）。テクスチャーサムネールに読み込んだ画像を表示させてから［Texture］→［Add To Spotlight］をクリックします（図2）。なおテクスチャーサムネールにテクスチャーが表示されていないとクリックできません。

読み込んだ画像が半透明に表示され編集用のマニピュレーターが出てきますので移動・拡大縮小をして転写したい位置に合わせます（図3右側）。

次に、ショートカット［Z］キーを押してマニピュレーターを非表示にします。［Standard Brush］等を選択して、トップシェルフで［Rgb］をon、［Zadd］をoff、［Zeub］をoffにした状態で、透過している上からなぞると、画像を転写できます（図3,4）。

終了したい場合は、［Texture］→［Turn on Spotlight］（ショートカット：［Shift］＋［Z］キー）をクリックします（図5）。

▲図1 テクスチャーパネルから画像をインポート

◀図2 ［Add To Spotlight］

▲図3 Spotlight編集用のマニピュレーター

▲図4 ［Rgb］がonで塗ることができる

◀図5 ［Turn on Spotlight］ボタン

16 タイムラインを利用する

タイムラインの使い方を説明します。

　タイムラインは、本来であればムービー用の機能ですが、カメラ位置を記録できるためモデリング時に記録して、補助機能として使うことができます。

　メニューから[Movie]→[TimeLine]→[Show]でタイムラインのバーが出てきます(図1)。

　画面でオブジェクトを好きな角度にしたらタイムラインの上をクリックすると丸い点が出てそのカメラ位置の記録ができます(図2)。

　丸い点を削除したい場合は、丸を画面内にドラッグすると削除できます。記録したものはSave、Loadもできます。

◀図1 Movieパレット

▲図2 タイムライン

17 データの保存や読み込み方

ZBrushではメッシュでの保存、プロジェクトでの保存、自動セーブとさまざまなセーブ方法があります。

▶ZToolデータの保存や読み込みの仕方

現在アクティブになっているツールデータの保存は[Tool]→[Save As]から行います(図1)。

読み込みは[Tool]→[Load Tool]から行うことができます。拡張子は「.ZTL」です。

▶図1 [Save As]をクリックしてデータをセーブする。[Load Tool]をクリックするとデータを読み込める

> **memo ZBrushで利用している用語について**
> ZBrushで利用している用語が、他のソフトでは別の意味になるケースがたまにあります。
> ZBrushで言うツールデータは簡単に言うと[SubTool]の階層内に入っているデータセットのことになります。ZToolデータでは、「SubTool情報、レイヤー情報、ポリペイント情報」が記録されています。

▶ZProjectデータの保存の仕方

プロジェクトデータの場合は、[File]→[Save As]を選択して行います(図2、ショートカット:[Ctrl]+[S]キー)。データの読み込みは[File]→[Open]を選択して行います。

ZProjectデータでは、「SubTool情報、レイヤー情報、ポリペイント情報、作業しているシーン情報、履歴」等が記録されています。

拡張子は「.ZPR」です。

▶図2 [File]→[Save As]を選択するとセーブ。[File]→[Open]を選択すると読み込みができる

▶ZToolとZProjectの違い

ZToolとZProjectの違いは、ZToolがポリメッシュデータを保存するのに対し、ZProjectは履歴等を含むシーン全体を保存できることです。

現在読み込んでいるツールのすべてがZProjectファイルとして保存されるのでデータ容量が膨大化しやすいです。作業していくと軽く1Gほどのデータになります。

▶QuickSave機能について

ZBrush 4R5からQuickSave機能が追加されました(表1)。

QuickSaveは、「QuickSave」フォルダに新規ファイルが作られるのみで、自動的に上書き保存する機能ではありません。生成されたファイルは[LightBox]→[QuickSave]等からアクセスできます。設定方法は、[Preferences]→[QuickSave]内で設定できます(図3、4)。

なお、[QuickSave]をoffにする機能はありませんので、使わない場合は[Maximum Duration]を最大数にして、UIの保存をしておくとよいです。

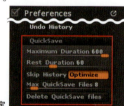

▶図3 QuickSaveの設定

項目	説明
Maximum Duration	ユーザーが一定時間プロジェクトを保存しなかった場合に自動セーブされる(分単位)
Rest Duration	Undo履歴を一緒に保存するかのスイッチになる
Max QuickSave Files	何個までセーブするかの設定
Delete QuickSave files	保存しているQuickSaveデータを削除する

▲表1 QuickSaveの機能

トップシェルフの上にある[QuickSave]をクリックすると手動でもセーブができます。作業中のデータは、こまめにセーブする癖を付けておきましょう(ショートカット数字キー:[9]キー)。

▶図4 [QuickSave]

> **caution! ZBrush R6とZBrush R7で保存したデータについて**
> ZBrush R7で保存した各種データはZBrush R6では読み込めません(表2)。取引先等の都合で、ZBrush R6で作業を続けている方はZBrush R6のまま完結させるようにしてください。

データの保存バージョン	説明
ZBrush R6の保存データ	ZBrush R6(読み込みOK)、ZBrush R7(読込みOK)
ZBrush R7の保存データ	ZBrush R6(読み込みNG)、ZBrush R7(読込みOK)

▲表2 ZBrush R7で保存した各種データ

18 3D-Coatの基本的な使い方

3D-Coat はブーリアン機能が優れているためフィギュアの分割に利用されます。ここではよく利用する機能を選んで解説します。

> **memo** 本書の 3D-Coat のバージョンについて
> 本書では3D-Coat4.5 BETA12Aでの操作方法を基準として解説をしています。
> BETA版はうまく機能しない時もありますので、その場合はソフトのバージョンを3D-Coat4.1の安定版(Current stable version)に下げるとうまくいくこともあります。

▶3D-Coatの軸の方向

3D-Coatの軸の方向は図1のようになります。CGソフトやCADソフト等によってもXYZの軸の方向が違います。

◀図1 3D-Coatの軸の方向

▶インターフェース 画面

ここではインターフェース画面の呼び方を説明をします（図2）。

1. モード切り替えメニュー
2. ツールメニュー
3. ボクセルツリーメニュー

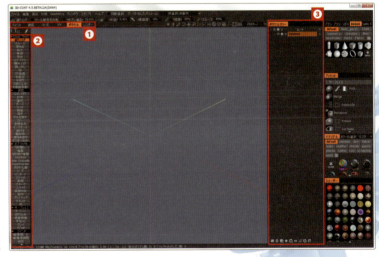

▶図2 3D-Coatのインターフェース画面

▶3D-Coatの起動画面について

3D-Coatを起動すると図3のようになっていると思います。インポートサムネール画面が出てきている場合は右上の[X]ボタンをクリックして消し、各モード切り替えメニューからボクセルを選びます。

◀図3 インポートサムネール画面

作業用のさまざまな設定を確認する

1 ▶ ボクセルモードにする

3D-Coatを立ち上げたら、上部メニューの[ボクセル]を
クリックすると、ボクセルモードになります(図4)。

▶図4 ボクセルモード

2 ▶ 単位が1mmに なっているか確認する

デジタル原型は実寸値で作業するほうが効率がよいた
め、単位が1mmになっているか確認します。なってい
ない場合は1mmに設定してください。
メニューから[Geometry]→[計測単位の定義]をクリッ
クして(図5)、設定が1mmになっているか確認します
(図6)。

▲図5 [Geometry]→[計測単位の定義]をクリック

◀図6 設定が1mm になっているか確認

3 ▶ 解像度を上げる

ボクセルは空間を解像度という概念で扱うため、ポリゴ
ンモデルを読み込んできた時に十分に解像度を上げな
いとディテールが潰れてしまいます。
解像度を上げるにはコマンドから[解像度:上]をクリック
します(図7)。

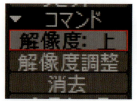

▲図7 解像度:上

> **memo** **よく使うコマンドについて**
>
> よく使うコマンドはショートカットに設定しておくと便利です。ショートカット設定方法はコマンドボタンの上で[End]キーを押して次に任意のショートカットキー(例:[Ctrl]+[Z]キー)を押します。

> **memo** **解像度について**
>
> 筆者の場合、1/8フィギュアを制作する時は[16x]を基準にして、細かいパーツは[32x]にしています。マシンスペックが許せばすべて[32x]にするのが好ましいです。
> 解像度を上げるとマシンにかなり負荷がかかりますので、自身のマシンでどの程度の解像度が適正かいろいろ試してみてください。
> 明示はされていなかったと思いますが、[1x]でのボクセル1粒の大きさは$1mm^3$と思われますので、理論的には[16x]では$0.0621mm^3$、[32x]では$0.0311mm^3$相当となります。

> **column** **ボクセル密度について**
>
> 3D-Coatの購入以前は、freeform(CAD系のボクセルソフト)で分割を行っていました。
> その際の検証では、ボクセルの粒が$0.1mm^3$では立体出力した際に毛先の先端が微妙に欠ける感じがしていました。そこで$0.05mm^3$で設定し直すと、特に問題なくディテールを再現できました。

4 ▶ 表示・非表示を切り替える

ボクセルツリーの目のマークをクリックすると表示・非表示を切り替えられます（図8）。

▲図8 表示・非表示、ツリーの子の作成

5 ▶ ツリーの子を作成する

[+]をクリックするとツリーの子が作成されます（図8）。

6 ▶ サーフェースでもモデリングを可能にする

[V]マークをクリックすると[S]になりサーフェースでもモデリングが可能になります（図8）。

7 ▶ 半透過表示をする

丸い部分をクリックすると半透過表示にできます（図9）。半透過時は加工できないのですが、メニューバーの[非選択、非動作]の部分を切り替えると加工できるようにもなります。

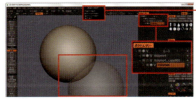

◀図9 半透過表示にする

8 ▶ ブラシに各種項目を表示する

ブラシサイズ枠部分に各種項目を表示させることができます（図10）。メニューから[編集]→[環境設定]を選択します。[環境設定]ダイアログで[Brushing]→[ブラシ上部のメッセージ]、[ブラシ下部のメッセージ]で好きな項目を選択してください。

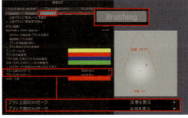

◀図10 ブラシに各種項目を表示

プリミティブ（基本形状）を呼び出して調整する

1 ▶ Cubeを呼び出す

[オブジェクト]→[プリミティブ]を選択すると、ウィンドウ上部にさまざまな形状のアイコンが出てきます（図11）。ここではCubeを呼び出します。

2 ▶ 位置、大きさを調整する

アイコンをクリックすると3D空間上にオブジェクトが読み込まれ、ツールオプションが開かれます。位置、大きさ等を調整して、[適用]をクリックし、確定します（図11）。解像度を上げる場合、大きなサイズのプリミティブをボクセル化するとPCにとってかなりの負荷になりますので、大きさは小さめに設定してください。

◀図11 Cubeの呼び出す

> **memo　Cubeが画面に表示されない時**
>
> 3D-Coat BETA12AのバグでCubeが画面に表示されない時がありますが、[ツールオプション]→[適用]をクリックするとボクセル化はできます。もし、Cubeが画面に表示されなくて嫌な場合は、3D-Coatのバージョンを下げるなどしてみてください。

19 3D-Coatの機能

フィギュアの分割作業でよく使う機能について解説します。

分割作業でよく利用する機能を使う

1 ▶ 隠す機能を利用する

作業中に「一部分だけ表示して作業したい」という場合、[調整]→[隠す]　を選択すると、それ以外の部分を一時的に隠すことができます(図1)。

◀図1 隠す機能

2 ▶ ペン効果のオプションを選択する

ペン効果のオプションにはいろいろな選択方法があります(図2)。

▲図2 ペン効果のオプション

3 ▶ ブラシ効果の設定を変える

ブラシ効果の設定を変えることで、髪の毛のラインに沿ったカット等ができます(図3)。

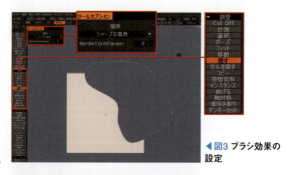

◀図3 ブラシ効果の設定

4 ▶ 隠した部分を削除する

隠した部分が不要な場合は削除できます(図4)。[Geometry]→[隠した部分を削除]を選ぶと、非表示になっている部分を削除できます。

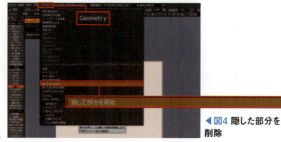

◀図4 隠した部分を削除

> **memo** 隠す機能のバグについて
>
> 隠す機能のバグ的仕様がありますので解説します。
> 隠す機能を使った後(図5)、反転表示をすると(図6)カット部分のエッジが図7ように面取りされたようになります（または隠している部分を別パーツとして切り出した場合等）。
> これはどういう時に不便かと言うと、表示反転を繰り返してディテールを加工していっていると知らない間にカット位置に面取りのへこみができている場合があるということで注意が必要です(図8)。
>
>
> ▲図5 部分的に隠す
>
>
> ◀図7 隠されていた部分のエッジが面取りされたようになっている
>
>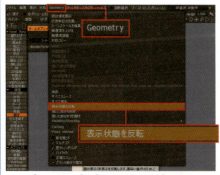
> ▲図6 ［Geometry］→[表示状態を反転]を選択
>
>
> ◀図8 隠していた部分もすべて全表示にしてもへこみが残ったままになっている

パーツを操作する

1▶パーツを操作する

［調整］→［空間変形］で操作キーが出てきますので、矢印で移動、扇状の所で回転、真ん中の四角で拡大／縮小することができます（図9）。

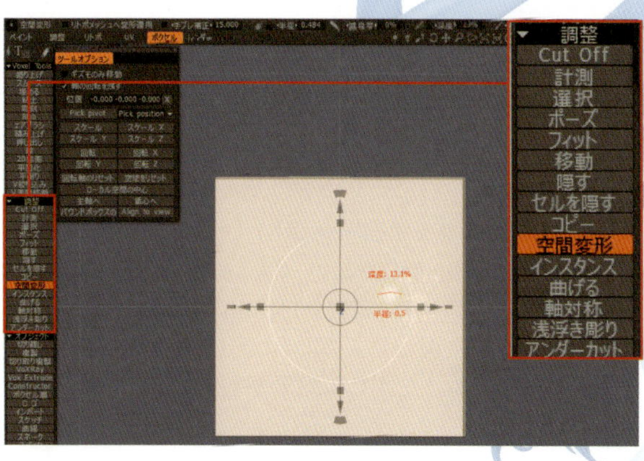

▶図9 パーツの操作

ボクセルブーリアンを行う

プリミティブを使ってボクセルブーリアンを行います。

1 ▶ Cubeを作成する

[オブジェクト]→[プリミティブ]をクリックして[Cube]を選択し、ツールオプションの[適用]をクリックします（図10）。

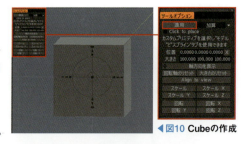

◀図10 Cubeの作成

2 ▶ ボクセルツリーを複製する

ボクセルツリーの複製をします。ボクセルツリー上で右クリックして[Clone]→[複製]を選択するとボクセルツリーが複製されます（図11）。または、[ボクセルツリー]ウィンドウの下部にある図12のアイコンをクリックします。

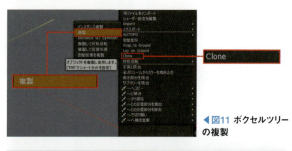

◀図11 ボクセルツリーの複製

▶図12 アイコン

3 ▶ Cubeをずらして部分的に重なっている状態にする

[調整]→[空間変形]を選択して2つのCubeをずらして部分的に重なっている状態にします（図13）。
以降赤パーツをA、ゴールドパーツをBとして説明します。

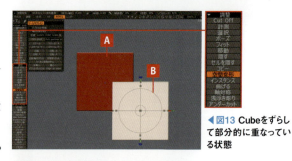

◀図13 Cubeをずらして部分的に重なっている状態

4 ▶ ブーリアンの和演算をする

ブーリアンの和演算をする時は、足したい形状のボクセルツリーの名前の右側にあるマークを（マウスを重ねるとカーソルが十字キーになる部分）[Shift]キーを押しながらドラッグします（図14）。このように足される側のボクセルツリーに重ねるだけで和演算が行われます（図15）。

◀図14 [Shift]キーを押しながらドラッグ

◀図15 和演算が行われてすべて赤くなる

5 ▶ ブーリアンの差演算をする

ブーリアンの差演算をする時は、引く側の形状のボクセルツリーの名前の右側にあるマークを[Ctrl]キーを押しながらドラッグし、引かれる側のボクセルツリーに重ねるだけで差演算が行われます（図16）。

> **caution!** コピーしたパーツでブーリアンをする
> 足すためのパーツ、引くためのパーツはブーリアンをするとなくなってしまいますので元の形状をコピーして、コピーしたパーツでブーリアンをする癖を付けましょう。

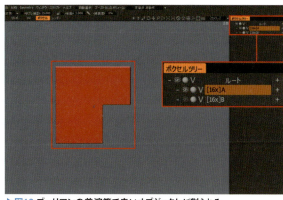
▶図16 ブーリアンの差演算で赤いオブジェクトが削られる

> **memo** ブーリアンの和演算・差演算
> 和演算をする時は、ボクセルツリーの名前の右を[Shift]キーを押しながらドラッグします。
> 差演算をする時は、ボクセルツリーの名前の右を[Ctrl]キーを押しながらドラッグします。
> このように、3D-Coatのブーリアン操作は非常に楽で優れているところが魅力です。

[埋める]ツールを使う

1 ▶ [埋める]ツールを利用する

[Voxel Tools]→[埋める]を選択するとZBrushのClayやSmoothよりも、より綺麗にへこんだ溝だけを埋めてくれます（図17、18）。特に髪の毛の合わせ目等を消すのには便利です。

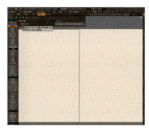 
▲図17 [Voxel Tools]→[埋める]　▲図18 へこんだ溝だけを埋める

[平面化]ツールを使う

1 ▶ [平面化]ツールを利用する

[Voxel Tools]→[平面化]を選択すると任意の面を参照し、面より飛び出している部分を削ることができます。面をポイントを指定して定義することができます。
図19では参考例として4点で表面を定義した後に、面より飛び出ている部分を削っています。
パーツ分割で面を定義して綺麗にならしたい時に使用します。

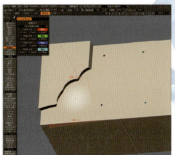
◀図19 面より飛び出ている部分を削除

[浅浮き彫り]ツールを使う

1 ▶ [浅浮き彫り]ツールを利用する

[調整]→[浅浮き彫り]は三角形を始点、球を終点とし、始点から終点方向に見た時のアウトラインに沿って終点まで埋めて立壁を作る機能です（図20）。
用途としては、アンダー処理をしたいパーツや、パーツの抜き方向のブーリアン処理用のパーツを作ったりします（図21）。

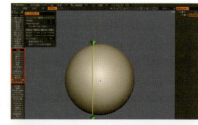

◀図20 [浅浮き彫り]ツール

◀図21 終点まで埋めて立壁を作る

データをインポートする

データのインポートには、メニュー画面から行う方法と、マウスドラッグによる方法があります。

1 ▶ メニュー画面からインポートする

メニューから[ファイル]→[インポート]→[ボクセル化用メッシュをインポート]を選択します（図22）。
または、デスクトップ上で3D-Coatがアクティブの状態で「OBJまたはSTL等」のデータを3D-Coat画面にドラッグ&ドロップして、確認画面で[ボクセルへインポート]をクリックします（図23）。

▶図22 [ボクセル化用メッシュをインポート]を選択

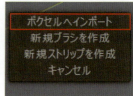

▲図23 [ボクセルへインポート]をクリック

2 ▶ データのインポートを確認する

データがインポートされるとデータの形が表示され（図24）、ツールオプションが表示されます。なおこの状態ではまだボクセル化されていません。
負のボリュームのチェックをoffにして、[空間をリセット]をクリックした後に適用をクリックするとボクセル化されます。

◀図24 データの表示

> **memo 本書の 3D-Coat のバージョンについて**
> よく、3D-Coatにインポートするとサイズや位置がずれるという話を聞きますが、[空間をリセット]をクリックすることで直ることが多いです。

初めてインポートした場合は確認画面が出てきますが、[はい]をクリックしてください（図25）。

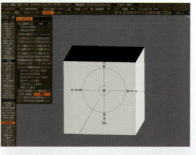

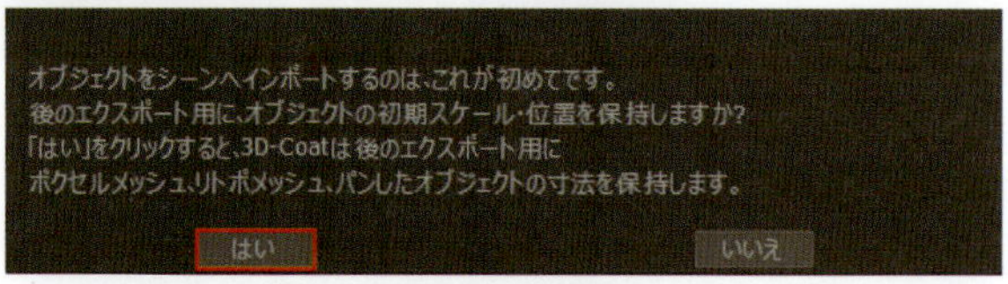

▲図25 初めてインポートした場合の確認画面

データをエクスポートする

データのエクスポートには、メニュー画面から行う方法とボクセルツリーで右クリックしてメニューからの［エクスポート］を選択する方法があります。

1 ▶ メニュー画面からエクスポートする

メニューから［ファイル］→［エクスポート］→［オブジェクトをエクスポート］を選択して、ファイル名を付けて保存します（図26）。

▶図26 ［オブジェクトをエクスポート］を選択

2 ▶ 右クリックしてメニューからの ［エクスポート］を選択する

ボクセルツリーで右クリックしてメニューから［エクスポート］→［オブジェクトをエクスポート］を選択して、ファイル名を付けて保存します（図27）。

▶図27 ［エクスポート］→［オブジェクトをエクスポート］を選択

3 ▶ 削減する割合を［0］にする

エクスポートでデータを保存する際にポリゴンの削減率の確認画面が出てきますが、削減する割合は［0］にしてください（図28）。

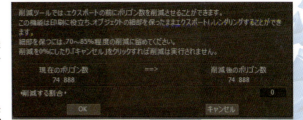

▶図28 データの表示

---

memo ポリゴンの削減率について

3D-Coatでエクスポートする際になぜ削減機能を使わないかと言うと、ZBrushのDecimation Masterの機能のほうが優秀なため、あえてここで削減する必要がないからです（図29、30）。

▲図29 3D-Coatで20%までポリゴン削減したもの。ディテールに関係なく均等に削減される

▲図30 ZBrushで20%までポリゴン削減したもの。ディテールの少ない部分からポリゴン削減していく

データを保存する

1 ▶ 3D-Coatのファイル形式 ［拡張子.3b］で保存する

メニューから［ファイル］→［保存］を選択します（図31）。現在のシーンにファイルを上書き保存します（ショートカット：［Ctrl］+［S］キー）。その時の画面も一緒にjpg形式で保存されます。

2 ▶ ナンバーを付けて保存する

メニューから［ファイル］→［連番で保存］を選択します（図31）。

現在のファイルに連番を付けて保存します。（ショートカット：［Ctrl］+［Shift］+［S］キー）。

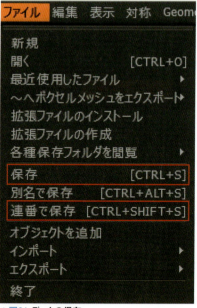

▲図31 データの保存

3 ▶ 自動セーブを設定する

メニューから［編集］→［環境設定］を選択し、［環境設定］ダイアログで［General］→［自動保存間隔］を選択して、自動セーブの時間を設定します（図32）。

▲図32 自動セーブの設定

> **memo** 3D-Coatの元に戻す機能 （ショートカット：［Ctrl］＋［Z］キー）について
>
> 3D-Coatの戻る機能は、ボクセルの特性上レスポンスが非常に悪くなることがあり、戻る機能が使えなくなることがよくあります。そのためセーブはこまめに行ってください。

CHAPTER 05

スケールフィギュアの デジタル原型を作る

この章ではスケールフィギュア本体の
データ制作方法について解説します。

01 本体パーツ制作の全体の流れ

スケールフィギュアを作成する全体の流れについて解説します。

　フィギュアデータ制作の場合、体の各部位を1つずつ完成させていくのではなく、全体バランスを見ながら各パーツを30%ずつ制作して、ローテーションさせつつ、徐々に仕上げていくのですが、本書ではわかりやすくするために各パーツごとに解説します。

1 モデリングの下準備

- 起動画面を確認する
- LightBoxを閉じる
- メッシュを読み込む
- 200mmキューブを読み込む
- スケールを確認する
- 10mmキューブと定規を読み込む
- 半透過で表示する
- [SubTool]の表示・非表示
- パレットをトレイに配置する

→

2 ZBrushのUI

- ZBrushのUIを使う

→

3 具体的な体のパーツの制作

- 頭部を制作する
- 体を制作する
- 手を制作する
- スカートを制作する
- 靴を制作する
- など

---

column　モデリング手法について

　ZBrushは1つの形を作ろうとしても多様な制作方法が用意されています。
　筆者は基本的にZSphereを使いDynaMeshはほぼ使いませんが、知人はDynaMeshを多用したモデリング方法を使っています。
　つまり、最終的にクライアントの求める形ができあがるのであれば途中の工程は関係なく、これが正解の作り方というものはありません。
　本書は、筆者が培ってきた作り方の1つにすぎず、最終的には読者がいろいろ試して自分に合った作り方を模索していってもらえればと思います。
　これは、手原型でも同じで、紙粘土が得意な人もいれば、ポリパテ(ポリエステルパテ。パテを盛って削り造形を行う)やスカルピー(オーブンで焼くと硬くなる造形素材)が得意な人がいるのと同じで、自分に合ったワークフローを構築することがプロへの一番の近道です。

02 モデリングの下準備

モデリングを開始する前に下準備について解説します。

> **memo ワークエリアの規格化**
>
> CGでフィギュア制作をしていると、他のソフトにデータを持っていったり戻したりという作業が増えてきます。
> ZBrushのワークエリアはかなり小さくて、実寸換算で2mmとなります。また、「スケール」という概念があるのですが、最初に読み込んだオブジェクトをそのワークエリアに最大表示させた場合におけるスケール値となります（例として、10mmキューブを読み込むとスケールは5、200mmを読み込むとスケールは100という具合）。
> つまり、モデリング開始ごとに新規でデータを作りはじめると、スケール値が毎回変わってしまい他のソフトとの連携で手間がかかってしまいます。
> そのため、あらかじめ基準となるテンプレートを作っておきます。
> また、制作は実際に立体出力する実寸で制作を行ったほうが後々間違いが起こりにくいので、CG内に定規を入れて、モニターでも実際の大きさにして、常にサイズ感を確認するように癖をつけてください。

1▸起動画面を確認する

ZBrushを起動すると図1の画面が出てきます。

▶図1 起動画面

2▸LightBoxを閉じる

ここではLightBoxは使わないので トップシェルフにある
[LightBox]をクリックして閉じます（図2、ショートカット：
[、]キー）。

▲図2 トップシェルフの[LightBox]

> **memo ZBrush起動時にLightboxを出したくない場合**
>
> [Preference]→[Lightbox]→[Open At Launch]をoffにします。[Preference]→[Config]→[Store Config]をクリックして設定を保存します。

3 ▶ ベースメッシュを読み込む

キャンバスに[3D Mesh]（プリミティブ形状）を読み込みます。星形のアイコンの[Polymesh3D]をクリックします（図3、4）。

▲図3 [Polymesh3D]　　▲図4 [Polymesh3D]をクリック

4 ▶ キャンバスに表示する

キャンバスをクリック&ドラッグすると、選んだメッシュがキャンバスに現れます。
ZBrushがほかの3Dソフトと違う点は、まだこの段階ではキャンバスに3Dオブジェクトが2.5D状態で読み込まれているだけなので、3Dオブジェクトとして編集ができません（コラムを参照）。
3Dオブジェクトとして扱うためには左上の[Edit]ボタン（ショートカット：[T]キー）をonにします（図5）。

▶図5 キャンバスに表示する

> **column ZBrushの発端**
> もともとZBrushはお絵かきソフトでした。しかし、3Dモデリング機能に特化してきたため、徐々に映画やCG業界で注目され、現在では幅広く知られることになりました。

5 ▶ キャンバスに同じ2.5Dのオブジェクトがいくつも表示されてしまった場合

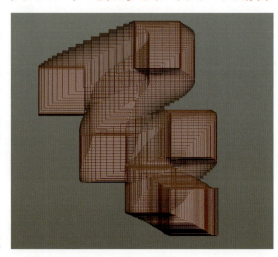

ZBrush初心者の方がよくつまずくポイントとして、「Edit」モードがoffの状態で、オブジェクトをいくつもキャンバスに発生させてしまうことがあります（図6）。
ZBrushを初めて扱かって「何これ？」と最初につまずくポイントだと思います。しかし、意味がわかれば難しいことではありません。
もしも、キャンバスに同じ2.5Dオブジェクトがいくつも発生してしまった場合、それは2.5Dモード（[Edit]ボタンがoff）の動作をしているだけなので[Edit]ボタンをクリックすれば、3Dモードになります。

▶図6 2.5Dのオブジェクトがいくつも表示された画像

6 ▶ 多数の不要なオブジェクトを消す

多数のオブジェクト（2.5D）を発生させてしまっても[Ctrl]+[N]キーで最後に出したメッシュ以外をすべて消すことができます（図7）。ちなみに、[Shift]+[S]キーで画面内にスナップショットを撮ることもできます。

▶図7 不要なオブジェクトの削除

7 ▶ ZBrushのサイズの管理について

1/8スケールフィギュアを作る際、最初に[SubTool]をアクティブにしておいて[Tool]→[Import]をクリックして本書サンプルの200mmキューブ（立方体）のデータ（200mm_Cube.OBJ）を読み込んでから作業を開始します。
ZBrushのサイズの管理は、やや特殊で最初にキャンバスに読み込まれたオブジェクトがプロジェクト全体のスケール基準となり、ブラシサイズや影響度合い等にも関連してきます。

> **memo 200mnmキューブの利用について**
>
> 筆者が200mnmキューブを利用している理由は、次の3つが挙げられます。
>
> ・近年、1/8サイズが標準になっていること
> ・筆者が以前検証した結果では大きさが5倍違ってくるとブラシの効き加減が変わってくると感じたこと
> ・200mmのスケールフィギュアでも100mmのデフォルメフィギュアでも共通してブラシが使いやすいワークエリアであったこと
>
> 例として、Layerブラシを選択して[Z Intensity][100]で[Scale][100]の場合と[Scale][10]の場合でブラシを使ったものが図8です。

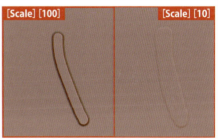

▲図8 [Scale][100]の場合と[Scale][10]の場合の比較

> **memo** ワークエリアの検証
>
> ZBrushには、ブラシの影響度合い等が最適になるよう設定されているワークエリアがあります。そのエリアの検証をします。
>
> ❶ プリミティブを選んでメッシュ化する
>
> [3D Meshes]から[Cube3D]のプリミティブを選んで[Make polymesh3D]をクリックしてメッシュ化します(図9)。
>
>
>
> ▲図9 [Cube3D]を選んでメッシュ化
>
> ❷ サイズを変更する
>
> [Tool]→[Deformation]→[Size]をクリックしてサイズを適当に変えます(図10)。
>
>
>
> ▲図10 サイズを変更する
>
> ❸ 単位を設定して寸法を表示する
>
> [Zplugin]→[3D Print Exporter]で[mm]に設定して、[Update Size Ratios]をクリックすると現在のオブジェクトの寸法が出てきます(図11)。
>
>
>
> ▶図11 現在の寸法
>
> ❹ 最適な空間にオブジェクトを最大表示する
>
> [Tool]→[Deformation]→[Unify]をクリックすると、現在のオブジェクトがZBrushの最適な空間へ最大表示されます(図12)。
>
>
>
> ▶図12 [Unify]をクリックする
>
> ❺ ワークエリアのサイズを確認する
>
> もう一度、[Zplugin]→[3D Print Exporter]で[Update Size Ratios]をクリックすると、「2mm」という寸法が出てきます。つまり、ZBrushの最適なワークエリアが2mm³ということがわかります(図13)。
>
>
>
> ▶図13 サイズが2mmを示している

8 ▶ 200mmキューブのオブジェクトを配置する

星型を配置している状態で、[SubTool]をアクティブにして、別のオブジェクトを1つ複製して選択します。[Tool]→[Import]をクリックして、本書サンプルの200mmキューブを読み込み、キャンバスに配置します(図14、15)。

▲図14 [Import]をクリック

▲図15 キャンバスに配置

9 ▶ Scaleの値を確認する

[SubTool]をアクティブにして、別のオブジェクトを1つ複製して選択します。[Tool]→[Import]をクリックして、本書サンプルの200mmキューブを読み込んだら、[Tool]→(下の方にある)[Export]をクリックして開いて、[Scale]の値が[100]になっていることを確認します(図16)。

▲図16 [Scale]の値を確認する

caution! 作業中に[Scale]スライダーは触らない

なおこの[Scale]スライダーは作業中絶対に触らないようにしてください。
ZBrushの作業画面ではサイズが変わっていなくても、他のソフトに書き出しを行った際この値が作用して拡大縮小がかかってしまいます。
例えば、頭部の[Scale][10]、体の[Scale][100]のまま、知らないで作業してしまうと、データを書き出した場合大きさが10倍違った頭部と体のデータが書き出されてしまいます。
せっかく0.1mm単位の作業を意識して作っていても、台なしになってしまうため、このScale値は触らないようにして、何かの拍子に書き換わっていないかも常に確認してください(ZBrushの一部機能にはこの値を書き換えてしまうこともある)。
UIをカスタム化(本章の03「ZBrushのUIを使う」を参照)して、このスケール表示を目立つところに配置しておくとよいでしょう。

memo Import時のスケールずれについて

ZBrushでモデリングをして、外部のCGソフトとデータのやり取りをしている時に、データをImportすると、大きさや位置が極端に変わる時があります(図17、18、19)。
これの症状の原因は不明ですが、これを回避する方法がありますので解説します。

[Scale]が[100]のデータで作業しているとします。

▶図17 [Scale]が[100]のデータで作業

前髪のオブジェクトに外部で作業した前髪データを[Tool]→[Import]をクリックして読み込んで大きさが変わっていたとします。

▲図18 Importすると大きさがずれている

[Tool]→(下の方にある)[Import]をクリックして開き、[Scale]を確認するとサイズがずれています。

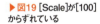

▶図19 [Scale]が[100]からずれている

この状態を回避するには、ZBrushで最初に読み込んだデータ(本書の場合は[200mmキューブ]、[Scale][100])を[Duplicate](複製)したものにデータをImportすることでスケールのずれを回避できます(図20)。

▶図20 複製したものにデータをImportする

10 ▶ 200mmキューブを複製する

ZBrushのImportはその時アクティブになっているオブジェクトに上書きされてしまうため、まずは200mmオブジェクトを複製しておきます。
[Tool]→[SubTool]→[Duplicate]を2回クリックして2個を複製します(図21)。

▶図21 [Duplicate]で複製する

11 ▶ 10mmキューブと定規データを読み込む

続いて本書サンプルの10mmキューブ(10mm_Cube.OBJ)とWeb(URL http://firestorage.jp/download/c3ea960ea82f2b0a7c5bccebcf39a345cad23442)からダウンロードした定規データ(Rulers.OBJ)を読み込みます。[SubTool]をアクティブにしておいて複製した1つ目の200mmキューブを選択し、[Tool]→[Import]をクリックして10mmキューブを読み込みます。次に、複製してある残りの200mmキューブを選択してから[Tool]→[Import]をクリックして定規データ(Rulers.OBJ)を読み込みます(図22、23)。

▶図22 定規データを読み込む

▶図23 200mmキューブ、10mmキューブ、定規データを読み込んだ画面

12 ▶ 半透過で表示する

複数のオブジェクトがある場合、他のオブジェクトに隠れて見えなくなってしまいますが、それを半透過して見えるようにする機能があります。
ライトシェルフ下部にある[Transp]をクリックすると透過させることができます(図24、25)。

▲図24 [Transp]

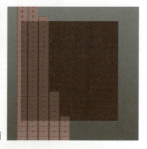

▶図25 透過した画面

13 ▶ 透過具合を調整する

透過具合などを[Preference]→[Draw]の[Front Opacity]と[Back Opacity]で調整することもできます(図26)。

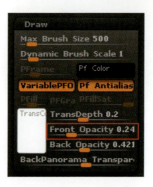

▶図26 透過具合の調整

14 ▶ [SubTool]のオブジェクトを非表示にする

[SubTool]内の目のマークをクリックしてoffにすると[SubTool]のオブジェクトを非表示にすることもできます（図27、28）。

▶図27 目のアイコンのクリック

▶図28 [SubTool]のオブジェクトを非表示

15 ▶ メニューにあるパレットを左右に配置する

上部メニューにあるそれぞれのパレットは左右のトレイに配置することができます。
トレイの開閉はこのボタンで行います（図29、30）。

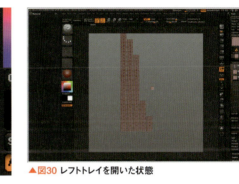

▶図29 トレイの開閉ボタン

▲図30 レフトトレイを開いた状態

16 ▶ パレットの配置・削除

トレイへのパレットの配置は、メニューからパレットを開いた時に左上に出る丸いアイコンをドラッグすることでトレイに配置することができます（図31、32）。
また、トレイから消したい場合は上の丸いアイコンをクリックします。

▶図31 丸いアイコンをドラッグで配置

▲図32 トレイに配置された

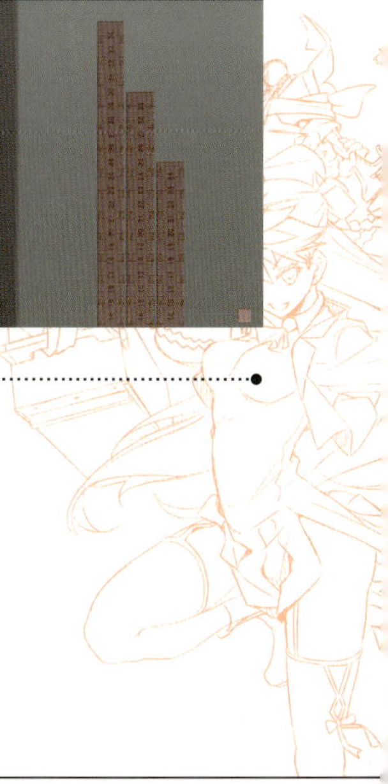

03 ZBrushのUIを使う

ZBrushはUI(ユーザーインターフェース)を比較的自由にカスタマイズすることができます。よく使う機能は、画面内に配置しておくと作業効率が上がりますのでUI設定の仕方も解説します。

1 ▶ カスタマイズを有効にする

カスタマイズを有効にするには[Preferences]→[Config]→[Enable Customize]をonにします(図1)。

▶図1 [Enable Customize]をonにしてカスタマイズを有効にする

2 ▶ Front Opacityを配置する

ここでは「02の手順13」で解説した[Front Opacity]を配置してみます。
配置したいボタンやスライダーを[Ctrl]+[Alt]キーを押しながら、任意の空き領域へドラッグ&ドロップします(図2)。既存のボタンの移動等もできます。
不要なボタン等をインターフェースから削除する場合は、ドラッグしたままキャンバス内に移動させると削除できます。

> **memo UIへの配置**
> UIに移動できないボタンもあります。

▲図2 [Ctrl]+[Alt]キーを押しながらドラッグで配置

3 ▶ 設定を保存する

配置が終わったら[Preferences]→[Config]→[Enable Customize]をoffにします。
次に[Preferences]→[Config]→[Store Config]をクリックすると次回起動時に設定が読み込まれます（図3）。

▶図3 設定の保存

---

memo LightBoxがonになる現象について

UI設定を終えて[Store Config]をクリックすると、なぜか[Preferences]→[Lightbox]→[Open At Launch]の表示がonになるバグがあります（図4）。その場合は[Store Config]をクリックした後に、[Open At Launch]をoffにしておきましょう。

▶図4 [Open At Launch]の表示がonになる

---

4 ▶ UIデータを保存する

UIを確定したら、念のためにUIデータを別途保存しておきましょう。
[Preferences]→[Config]→[Save Ui]をクリックしてUIデータを保存できます（図3）。
もしUIデータが壊れてしまった場合は、保存しておいた設定を[Preferences]→[Config]→[Load Ui]で読み込めば復活させることができます。

5 ▶ テンプレートとして保存する

下準備が終わったら現在のツールをテンプレートとして保存しておきます。
[Tool]→[Save As]をクリックして、名前を付けて保存します。拡張子は「.ZTL」となります。
以後は、新規で制作開始する場合はこのデータを最初に読み込むことで、200mmキューブ・10mmキューブ・定規の読み込みの手間を省略できます。

04 下絵を読み込む

モデリングする際に下絵とするイラストの読み込みと、調整の仕方を解説します。

1 ▶ 下絵を読み込む

[Draw]→[Floor]（図1）をクリック（ショートカット：[Shift]＋[P]キー）した後に、[Draw]→[Front-Back]を展開して[Map1]をクリックし、テクスチャーポップアップウィンドウの左下にある[Import]から本書サンプルの下絵に使う画像（01.jpg）を読み込みます（図2、3、4）。
前後左右上下に配置可能ですが、通常は背面のみ配置してモデリングを行いますので、ここではBackのみの説明をします。

▶図1 [Floor]

▲図2 [Draw]→[Front-Back]→[Map1]をクリック

▲図3 テクスチャーをインポートする

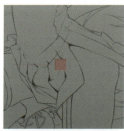
▲図4 下絵がインポートされた

2 ▶ 読み込んだ画像のサイズや位置を調整する

読み込んでいた定規を基準にして表1のスライダーを利用して下絵のサイズを変更します（図5）。

スライダー	説明
Scale	画像の大きさを調整できる
Horizontal Offset	画像を画面横方向に調整できる
Vertical Offset	画像を画面縦方向に調整できる
Angle	画像を回転させることができる

▲表1 画像を操作するスライダー

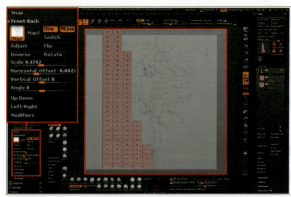
▲図5 [Front-Back]内の設定で大きさと位置を調整する

3 ▶ 透過具合を[Fill Mode]で調整する

[Fill Mode]で背景の透過率を変更します。[Front]でオブジェクト自体を透かして背景表示にできます（図6、7）。

▲図6 [Fill Mode]と[Front]

▶図7 [Fill Mode]スライダーで透過率の変更をする

CHAPTER 05

05 ZSphereで顔の土台を作る

顔の作り方は、ZSphereから作る方法と、10mmキューブから作る方法がありますが、ここでは基本的な作り方としてZSphereを使った方法を解説します。

1 ▶ [SubTool]に[ZSphere]を読み込む

[Tool]→[SubTool]→[Insert]をクリックしてポップアップウィンドウを展開し、[ZSphere]を読み込みます（図1、2）。

▲図1 [ZSphere]を選択する

▲図2 画面内に呼び出す

2 ▶ 顔の土台を作る

[Tool]→[Adaptive Skin]→[Use Classic Skinning]がoffになっていることを確認したら、[X]キーを押してシンメトリーにし、ZSphereで顔の土台を作っていきます（図3）。[Density]の数値を変えると、スキン化した時のSdivを設定できます。
ZSphereは[A]キーを押すと、メッシュ化後のプレビューを見ることができるので、随時切り替え確認しつつ、ZSphereを配置してください。ここではZSphereの親を真ん中にして、上と下に子を配置しています（図4）。

▶図3 [Use Classic Skinning]はoffにする

▲図4 ZSphereを配置する

3 ▶ ZSphereをスキン化して[SubTool]に読み込む

ZSphereができたら、[Tool]→[Adaptive Skin]→[Make Adaptive Skin]をクリックしてメッシュ化します。メッシュ化されたオブジェクトは3DMeshパレットに配置されていますので、[Tool]→[SubTool]→[Insert]をクリックして作成されたメッシュを読み込みます（図5、6、7）。

▲図5 メッシュ化する

▲図6 [Insert]をクリックして読み込む　　▲図7 [SubTool]に配置

06 顔の形をざっくりと作る

［ZSphere］をメッシュ化したらSDivを上げつつ顔の形をざっくりと作っていきます。

1 ▶ 顔を大まかに調整する

［Tool］→［Geometry］→［Divide］をクリックしてSDivを7まで上げます。
Sdiv1〜3ではトランスポーズモードを使って、輪郭線の大きな変形を行います（図1、2）。
Sdiv4〜7ではMoveブラシ等を使い目のへこみや頬のラインを整えてきます（図3、4、5、6）。
いきなり完成形のラインを追おうとすると、失敗した場合に最初からやり直しになるので、始めは輪郭を整えて、少しずつディテールを追加しながら仕上げていくのがコツです。
筆者の場合、一度目はイメージがつかみにくいため、ラフイメージモデルを作って顔の方向性を検証してから二度目に作り直して仕上げるということもあります。
図6は口を閉じたバージョンで本書では使用しませんでしたが、閉じた口を作りたい場合はsk_Slashブラシを使うとなだらかなへこみのラインができます。

▲図1 トランスポーズモードで大まかに調整する

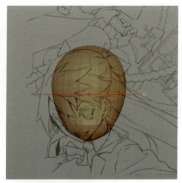
▲図2 輪郭線を変更する

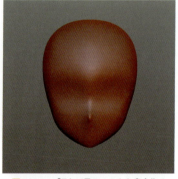
▲図3 Moveブラシで目のへこみや鼻を作る

▲図4 Moveブラシで顎のラインを作る

▲図5 Moveブラシで調整する

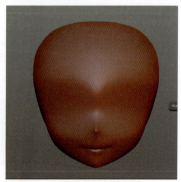
▲図6 顔のラインを調整し終わったもの

07 目の掘り込みをする

輪郭と顔の流れを調整し終わったら目のラインを掘り込んでいきます。

1 ▶ 目のラインにマスクをする

[MaskLasso]を選択したら、[Ctrl]キーを押しつつ、目の形にドラッグしてマスクで囲みます（図1、2）。

▶図1 [MaskLasso]

▲図2 マスクで囲む

2 ▶ 目のマスクを反転する

[Ctrl]キーを押しつつ、何もない空間でクリックしてマスクを反転させます。
マスク部分で[Ctrl]キーを押しつつクリックして、ブラーをかけて境界線をぼかします（図3）。

▲図3 マスクを反転してブラーをかける

3 ▶ 目をへこませる

トランスポーズの[Move]で目の部分をへこませます（図4）。

▲図4 トランスポーズの[Move]でへこませる

4 ▶ まつ毛などのディテールを追加する

sk_Clothブラシやsk_Slashブラシ、Polishブラシを使い、目の中やまつ毛部分のディテールを調整していきます（図5）。

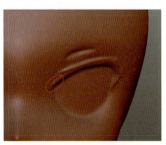

▲図5 目周りのディテールを追加する

08 口を作る

口の作り方は目の時と同様にマスクを使って押し込みます。

1 ▶ 口の形でマスクをして反転し押し込む

目の時と同様に、まず口の形にマスクをして反転したらトランスポーズの[Move]で押し込んで、Moveブラシで整えます（図1、2、3）。

▲図1 マスクをする

▲図2 トランスポーズの[Move]で押し込む

▲図3 Moveブラシで整える

2 ▶ 口の中を作る

[SubTool]をアクティブにしておいて別のオブジェクトを1つ複製して選択します。[Tool]→[Import]をクリックして、本書サンプルの10mmキューブを読み込みます。読み込んだ10mmキューブを[Tool]→[Geometry]→[Divide]を数回かけて丸くして、トランスポーズの[Move]で楕円形に変形させて配置します（図4）。

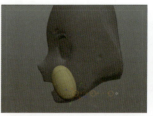

▲図4 10mmキューブに Divideをかけて丸くする

---

memo 商業製品の目のバリエーションについて

フィギュアと一言でいっても、1万円クラスのものからプライズ製品、食玩製品までさまざまなものが存在します。
その中でフィギュアの目の作り方で代表的な3パターンを紹介します。

パターン	説明	図
目の外輪モールドあり、まつ毛周りのモールドあり	フィギュアメーカーの完成品フィギュアや、ガレージキットに使用される	図5
目の外輪モールドのみあり	フィギュアメーカーの完成品フィギュアや、プライズフィギュア等で使用される	図6
目周りのモールドなし	プライズフィギュアや食玩等で使用される	図7

▲表1 パターン

なぜ、「目のモールドがないものがあるのか」というと、目やまつ毛のモールドがあるとアイプリ（目のプリント）が少しでもずれてしまうと不良品率が上がり製造費がその分上がってしまうからです。
特に1個当たりの製造原価が法律で制限されているプライズの場合、「いかに効率よく生産するか」が求められています。ですので、目のモールドをなくして平坦にし、アイプリントを施したほうが、不良品率が下がるのと、アイプリだけ変えれば別の表情のパターンも容易に作れるという利点もあります。
ただし、目のモールドをどのパターンにするかは、メーカーごとによっても違うため、最初の打ち合わせの際に確認しておく必要があります。

▲図5 目の外輪モールドあり、まつ毛周りのモールドあり

▲図6 目の外輪モールドのみあり

▲図7 目周りのモールドなし

09 後頭部を作る

顔ができあがったら、次は頭部の大きさのバランスを見るためにも、後頭部を制作していきます。

1 ▶ 後頭部の原型を作る

[SubTool]をアクティブにしておいて別のオブジェクトを1つ複製して選択します。[Tool]→[Import]をクリックして、本書サンプルの10mmキューブを読み込みます。[Tool]→[SubTool]→[Duplicate]をクリックして10mmキューブを複製して、[Divide]を5回ほどクリックし丸くし、トランスポーズの[Move]で大きさと位置を調整します（図1）。

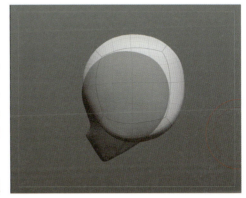

▶図1 10mmキューブに Divideをかけて後頭部にする

2 ▶ バランスを見て調整する

下絵とのバランスを見ながら、トランスポーズモードの[Move]で大きな変形を行い、Moveブラシ等で形を整えていきます（図2）。

▶図2 バランスを見て調整

3 ▶ 髪の流れを作り込む

sk_Clothブラシ、sk_Slashブラシ、sk_ClayFillブラシを使って、髪の流れを作り込みます（図3）。
この段階では、後ろ髪の下がまだできていないので、ざっくりとでかまいません（図4）。
後ろ髪を作って後頭部との合わせ目を馴染ませる時に、さらにディテールを調整していきます。

▶図3 髪の流れを作る

▶図4 下側はまだ作り込まない

memo プリミティブの球体を使わない理由

丸い形状のものは、プリミティブの球体を使えば早いと思われるかもしれませんが、ZBrushのプリミティブ球体は癖があり、モデリングにはあまり向いていません。
理由としては、球体の上下の中心部にポリゴンが密集しているためブラシがうまく効きにくいのと、[Smooth]をかけた時にポリゴンが密集しているため中心が尖ってしまうためです（図5、6、7）。

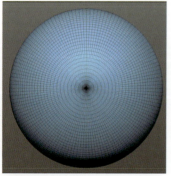  

▲図5 プリミティブの球体　　▲図6 ディテールを入れたもの　　▲図7 [Smooth]をかけるとポリゴンの密集した部分がうまく処理されない

10 ZSphereで前髪の土台を制作する

髪の毛はZSphereで制作するほうが早くて綺麗なため、ZSphereで制作します。
ただし、髪の毛の本数分のZSphereを作る必要があります。

1 ▶ 髪の毛を作る準備をする

髪の毛はZSphereのクラシックモードのほうがモデリングしやすいため[Tool]→[Adaptive Skin]→[Use Classic Skinning]をonにして制作します（図1）。

▶図1 [Use Classic Skinning]をonにする

2 ▶ 髪の毛を作る時の注意点

この時に注意することは、第4章11「ZSphereⅡを利用する」でも解説したようにZSphereのクラシックモードの親のスキンの張られ方が特殊であるため、頭部にめり込ませてその部分は使わないようにすることです（図2、3）。

▶図2 ZSphereの親を頭部内に作る　　▶図3 ZSphereの親の部分のメッシュ

3 ▶ 下絵を参考に前髪を作成する

下絵を参考にしながら前髪のZSphereをすべて作っていきます（図4、5、6）。制作するコツとして、毎回新規で作らなくても、[Duplicate]で[SubTool]に複製して加工していけば楽です。

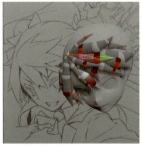

▲図4 ZSphereで髪を作っていく　　▲図5 髪の毛の本数分作る　　▲図6 [A]キーを押してスキンのプレビューをしているところ

11 ZSphereをメッシュ化する

ZSphereで髪の毛の形ができたら、次はメッシュ化します。通常は1本ずつメッシュ化するのですが、それでは手間がかかるため、一気にメッシュ化する小技も紹介します。

1 ▶ メッシュ化する

ZSphereの配置が終わったら、[Tool]→[Adaptive Skin]→[Make Adaptive Skin]をクリックしてメッシュ化します（図1、2）。

▲図1 ZSphereとメッシュ

◀図2 [Make Adaptive Skin]をクリックしてメッシュ化

2 ▶ [SubTool] に読み込む

メッシュ化されたもの（図3）が[3D Meshes]のパネルに追加されるので[Tool]→[SubTool]→[Insert]をクリックして（図4）、今できたメッシュを読み込むと、[SubTool]内の下に配置されます。通常であれば、残りの髪の毛全部を同様にしてメッシュ化しますが手間がかかりすぎるため小技を使います。

◀図3 メッシュ化されたもの

▲図4 [Insert]をクリックして読み込む

---

memo　ZSphereをまとめてメッシュ化する小技

本数の多い髪の毛のZSphereを1つずつメッシュ化していくのはとても手間がかかります。
そこで小技を使って一気にメッシュ化します。

❶ スキン表示にする

ZSphereをすべて表示状態にして（図5）、[A]キーを押し、スキン表示にしておきます。

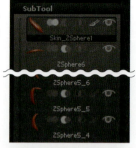
▶図5 すべて表示状態にする

❷ 1本だけメッシュ化して読み込む

1本だけ[Make Adaptive Skin]をクリックしてメッシュ化し、[Tool]→[SubTool]→[Insert]をクリックして読み込みます（図6）。

▶図6 1本だけメッシュ化して[Insert]をクリックして読み込む

❸ メッシュ化して読み込んだオブジェクトをアクティブ状態にする

さきほどメッシュ化した元のZSphereのみ表示をoffにします（図7）。
メッシュ化して読み込んだ[SubTool]をアクティブ状態にして、[Tool]→[SubTool]→[Merge]→[MergeVisible]をクリックすると[3D Meshes]のパネルに全体がMergeされたメッシュが追加されます（図8）。

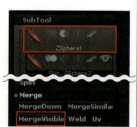
▲図7 元のZSphereのみ表示をoffにする

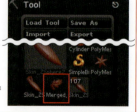
▶図8 [Merge Visible]でまとめてメッシュ化される

12 ポリグループを分ける

ZSphereをメッシュ化するとポリグループがついているので、髪の毛ごとに別ポリグループに分けます。

1 ▶ 髪の毛を個別のグループにする

ZSphereを複製して制作した場合、ポリグループが同一になっている場合があります（図1）。
その場合は、[Tool]→[Polygroups]→[Auto Groups]をクリックして、髪の毛を個別のグループにします（図2、3）。
グループ分けをする理由は、後で髪の毛1本ずつをディテールアップする際に個別表示を楽にするためです。
髪の固まりを[SubTool]内にある1つのオブジェクトで作業するのではなく、1本ずつ別のオブジェクトにしたほうが作業しやすい場合は、[Tool]→[Split]→[Groups Split]をクリックすればグループ別のオブジェクトにSubToolに分けられます。どちらの作業のほうが向いているかは、人によりますので両方試してみてください。

▲図1 ポリグループが同一になっている

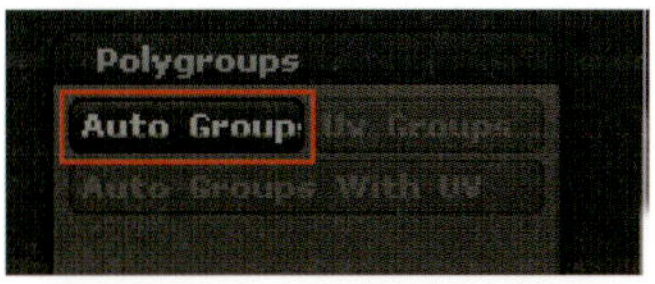

▶図2 [Auto Groups]をクリックしてポリグループを分ける

▶図3 ポリグループを分けた状態

13 前髪のディテールをアップする

ZSphereをスキン化したものは断面が丸くなっています。そのままでは髪の毛として不自然ですのでディテールアップをします。

1 ▶ 先端をならす

ZSphereのクラシックモードの仕様で先端部分はへこんでしまうので、MoveブラシとSmoothブラシでならします（図1、2）。

▶図1 先端がへこんでしまう

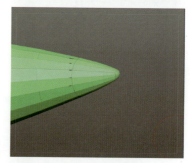

▶図2 MoveブラシとSmoothブラシでならす

2 ▶ 髪の毛のエッジを立たせる

ビジビリティの[SelectRect]で髪の毛を1本ずつ表示しながら、sk_Clothブラシやsk_Slashブラシを使って髪のラインにエッジを立てます（図3、4）。

caution! エッジは立てすぎない

中にはエッジを立てすぎる方もいますが、ロボットではないのでシャープエッジにならないよう、ほどほどにしてください。

▲図3 形状を加工しつつエッジを立てる

memo 解像度が足りない場合

[Divide]をかけてSDivを上げてください。
なお[Divide]をする場合はビジビリティで隠している部分はすべて表示しないと[Divide]できません。

▲図4 すべての髪の毛を同様に加工する

14 耳を作る

ここではZBrushの機能の1つ、インサートマルチメッシュブラシ（IMMブラシ）を使った作り方を解説します。

1 ▶ インサートマルチメッシュブラシを呼び出す

[LightBox]を開き、[Brush]タブの[Insert]から[InsertEar2.ZBP]をクリックします（図1、2）。

▲図1 [Lightbox]を開き、[Brush]→[Insert]を開く

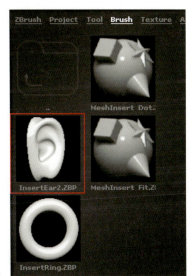

▶図2 [InsertEar2.ZBP]を選択する

2 ▶ 耳を配置する

SDivがあるとインサートマルチメッシュブラシを使えないので、[Tool]→[Geometry]→[Del Lower]をクリックして低いSDivを消すか、[Tool]→[Geometry]→[Freeze SubDivision Levels]をクリックしてSDivを一時的に固めます。
顔の耳辺りの位置でクリックドラッグをすると、顔の部分にマスクがかかった状態で耳のメッシュが追加されます（図3）。

▶図3 耳のIMMを追加する

3 ▶ 顔と耳を別のオブジェクトに分ける

[Tool]→[SubTool]→[Split]→[Split Masked Points]をクリックしてマスクされている部分と、されていない部分を別のオブジェクトに分けます(図4)。
別パーツにしたらMoveブラシ等で加工してディテールを加えて調整します(図5)。

▶図4 [Split Masked Points]をクリックして顔と耳を別のオブジェクトに分ける

▶図5 Moveブラシで整える

4 ▶ 耳を複製して反対に配置する

[SubTool]にある耳のオブジェクトを[Duplicate]で複製します(図6)。
[Tool]→[Deformation]→[Mirror]をクリックしてX軸反転をして反対側の耳にします(図7、8)。

▶図6 [Duplicate]をクリックして複製する　　▲図7 ミラー反転する

▲図8 両耳の完成

> **memo** 実際の作成手順について
> 次節から解説する内容は、実際は、体と干渉するパーツ部分があるため、体のパーツのラフを作った後に制作をします。
> 本書ではわかりやすくするために、部位ごとにまとめて記載しています。

後ろ髪の土台を制作する

ZSphereを使って後ろ髪の制作をしていきます。後ろ髪は特に流れを意識しつつ制作してください。

1 ▶ ZSphereで後ろ髪の土台を制作する

前髪の時と同様にZSphereの親を頭部の中に配置してから後ろ髪のZSphereを作っていきます（図1、2）。
コツとしては、まず太い髪の毛を先に作って、髪の流れのイメージをつかんでから細い毛を追加していくと効率的に制作できます（図3）。

▲図1 ZSphereで髪の毛を作る

▲図2 ［A］キーを押してスキンをプレビューしたところ

▶図3 髪の毛の本数分作る

2 ▶ 体と干渉している部分を調整する

体と干渉している部分は全体を見回しつつ、体に当たらないように髪の毛の流れを調整しておきます（図4、5）。最終的には体の服を作った後に再度体と当たっていないか微調整をする必要があります。

▲図4 体との干渉を確認しつつ制作する（背面）

▲図5 体との干渉を確認しつつ制作する（上図）

16 後ろ髪のディテールアップをする

後ろ髪のディテールアップを行っていきます。後ろ髪は前髪と違って厚みを多くとりつつうねらせることと、全体の流れを意識してください。イメージとしては、大きな流れの束の中に小さな流れの束があるようにするとまとまりがよくなります。

1 ▶ メッシュ化してディテールアップをする

前髪の時と同様に、ZSphereをメッシュ化した後にsk_Clothブラシやsk_Slashブラシでエッジを立てつつMoveブラシで流れを整えます(図1)。

▶図1 エッジを立てつつ髪の流れを調整する

2 ▶ うなじ部分の厚みをつける

ディテールを追加し終わったら、SDivを下げてMoveブラシで引っ張ってうなじ部分の厚みを増します(図2、3)。
後ろ髪で注意する部分は、うなじ部分の髪の付け根の厚みを多めにしておくことです。そうしないと、うなじ周りがスカスカになってフィギュアとしての印象が悪くなります。

▶図2 Moveブラシで引っ張る

▶図3 厚みは多めにとる

17 三つ編みを作る準備をする

トライパーツマルチメッシュ(TriIMM)ブラシを使うと繰り返しパターン形状を簡単に作ることができます。例として三つ編みブラシを作ってみます。

1 ▶ トライパーツマルチメッシュ(TriIMM)ブラシを作る

トライパーツマルチメッシュブラシは3つのポリグループのオブジェクトで作成されます(図1)。
画面で見て上に始点、真ん中に中間、下に終点オブジェクトとなるように配置してください(表1)。

point ポリグループの分割
ポリグループが3つに分かれていればよく、ポリグループの色は図1の例と同じにする必要はありません。

◀図1 ポリグループが3つに分かれている必要がある

▶表1 ポリグループの例

色	オブジェクト名	説明
赤色	始点オブジェクト	カーブの描き始めに配置される
緑色	中間オブジェクト	この中間に設定したオブジェクトが複製されて並んでいく
青色	終点オブジェクト	カーブの描き終わりに配置される

2 ▶ ZSphereで1房分作ってメッシュ化する

まず以下のような形状をZSphereで作ってメッシュ化してください(図2)。

▶図2 1房分作る

3 ▶ 1つのポリグループにする

[Tool]→[Polygroups]→[GroupVisible]をクリックしてパーツ全体を1つのポリグループにします(図3)。

▲図3 1つのポリグループにする

4 ▶ 1つのオブジェクトにする

複製してポリグループ化したら[Tool]→[SubTool]→[Duplicate]で3つに複製します。
[Tool]→[PolyGroups]→[GroupVisible]をクリックしてそれぞれ別のグループを適用します。
トランスポーズの[Move]で位置を図4のように調整します。
[Tool]→[SubTool]→[Merge]→[MergeDown]または、[MergeVisible](別ツールとしてツールメニューに追加される)をクリックして1つのオブジェクトにします。

▲図4 グループ分けして同じオブジェクトにする

5 ▶ ブラシを登録する

作ったメッシュをブラシとして登録します。
ブラシパレットを展開し、パレット下部にある[Create InsertMesh]をクリックします(図5)。

▲図5 [Create InsertMesh]をクリックして登録

既存のインサートブラシにメッシュを追加するかどうかの確認ダイアログが出ます。今はまだ新規作成のため[New]をクリックします。もし自分で複数のメッシュを登録したブラシを作りたい場合は、複数のメッシュを登録したいインサートメッシュブラシを選んだ状態で[Append]をクリックします(図6)。

トライパーツマルチメッシュブラシは登録時のカメラのアングルによってカーブから生成されるメッシュの正面方向が決まるので、正面に向けたい方向が見えている状態に調整しましょう(図8)。

▲図6 ブラシの登録画面

▶図7 ブラシパレットに新規でインサートメッシュブラシが作られた

▲図8 カメラのアングルを確認する(カメラからの見た目の角度がカメラ角度になる)

6 ▶ トライパーツマルチメッシュ(TriIMM)ブラシとして動作させる

この状態ではまだメッシュをインサートするだけで連続する機能はありません。
[Stroke]→[Curve]→[Curve Mode]をonにするとトライパーツマルチメッシュブラシとして動作します(図9)。[Lock Start]で開始点、[Lock End]で終点をロックすることもできます。

▲図9 [Curve Mode]をonにする

caution! 挙動がおかしい場合

トライパーツマルチメッシュブラシとしての動作をさせるためには[Brush]→[Modifiers]の[Tri Parts]がonになっている必要があります(図10)。もし「動作がおかしいな」という場合は、ここを確認してみてください。

▶図10 [Tri Parts]がonになっていることを確認する

7 ▶ ブラシパーツを保存する

[Stroke]→[Curve]→[Curve Mode]をonにしたブラシを[Brush]→[Save As]をクリックしてブラシパーツとしてセーブ(拡張子.zbp)しておくと、次回ブラシをインポートした時からカーブモードがonになった状態で読み込まれます(図11)。

▶図11 ブラシパーツとして保存

18 三つ編みを作る

ZBrushの機能の1つとして、カーブに沿ってIMMブラシを適用するトライパーツマルチメッシュ(TriIMM)ブラシがありますのでそれを利用して三つ編みを作っていきます。

1 ▶ トライパーツマルチメッシュ(TriIMM)ブラシを使って三つ編みを作る

まず、通常のTriIMMブラシの使い方を試してみます。SDivがあるとTriIMMブラシを使えないので(図1)、[Tool]→[Geometry]→[Del Lower] で低いSDivを消すか、[Tool]→[Geometry]→[Freeze SubDivision Levels] をクリックして、SDivを一時的に固めます。

▲図1 SDivがあると図のメッセージが表示される

2 ▶ 三つ編みを追加する

ブラシパレットから先ほど制作した三つ編みのTriIMMブラシをインポートしたら、後頭部横の位置からから三つ編みを追加します(図2)。

▶図2 TriIMMを使う

3 ▶ 大きさを変える

[Draw Size]を変えてカーブ線をクリックすると、大きさを変えることもできます(図3、4)。

▲図3 [Draw Size]で大きさを変える

▶図4 [Draw Size]を大きくしたもの

4 ▶ カーブ線を変える

カーブ線をドラッグするとカーブを好きな形に変形できますが制御が非常に難しいです（図5）。
[Stroke]→[Curve]→[Lock Start]で始点、[Lock End]で終点をロックすることもできます。
また、TriIMMは画面から見て平面的に配置されるので奥側にもカーブ線を変形させる必要があるという問題もあります（図6）。

> **memo TriIMM用のガイドラインを作る小技**
> TriIMMはカーブを利用していることを考慮して、ZSphereからカーブのガイドラインを作ってTriIMMを適用することもできます。

▲図5 カーブ線を移動できる

▲図6 TriIMMは平面的に配置される

5 ▶ ZSphereを作る

三つ編みを配置したいラインでZSphereを制作します（図7）。

▶図7 ZSphereを作る

6 ▶ ZSphereをメッシュ化して読み込む

[Tool]→[Adaptive Skin]→[Make Adaptive Skin]をクリックしてZSphereをメッシュ化したら、[Tool]→[SubTool]→[Insert]をクリックして読み込みます（図8）。

▶図8 ZSphereをメッシュ化して読み込む

7 ▶ ループ状にポリゴンを隠す

ビジビリティの[SelectLasso]を選んだら[Ctrl]+[Shift]キーを押しながらメッシュ線の上をクリックすると、クリックしたループ状にポリゴンが隠されます（図9、10）。

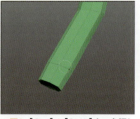
▲図9 [Ctrl]+[Shift]キーを押しながらメッシュ線の上をクリック

▲図10 ループ状に隠される

8 ▶ 表示を反転させる

[Ctrl]+[Shift]キーを押しながら何もない空間で四角を描いて表示を反転させます。
この状態ではループ状になっていますので、反対側のいらない部分を[Ctrl]+[Shift]+[Alt]キーを押しながら隠します（図11、12）。

▲図11 [Ctrl]+[Shift]+[Alt]キーを押しながらいらない部分を隠す

▶図12 必要のない部分を隠す

9 ▶ ポリゴンを削除する

[Tool]→[Geometry]→[Modify Topology]→[Del Hidden]をクリックして隠したポリゴンを削除します（図13）。

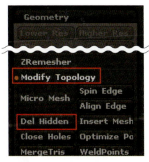
▶図13 [Del Hidden]をクリックして隠したポリゴンを削除する

10 ▶ ポリゴンを分割する

[Tool]→[Geometry]→[Divide]を1回クリックします。ポリゴンが分割されます（図14）。

▶図14 [Divide]をクリックする

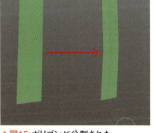
▲図15 ポリゴンが分割された

11 ▶ 一部のメッシュを隠す

ビジビリティの[SelectLasso]を選んだら、[Ctrl]+[Shift]キーを押しながら縦方向の1列のメッシュ線の上をクリックして隠します（図16）。

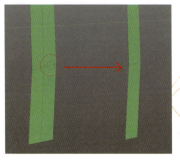
▶図16 [SelectLasso]で半分を隠す

12 ▶ メッシュにグループを適用する

[Tool]→[Polygroups]→[GroupVisible]をクリックして表示されているメッシュにグループを適用します(図17)。[Ctrl]+[Shift]キーを押しながら何もない空間でクリックして全表示させます(図18)。この時、別の色のグループにしてください。

▶図17 [GroupVisible]をクリックしてグループ化する

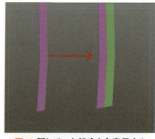

▲図18 隠していた部分も全表示する

13 ▶ カーブラインを生成する

[Tool]→[Geometry]→[Divide]を数回クリックしつつ、Moveブラシで好みの形に微調整したら、[Tool]→[Geometry]→[Del Lower]で低いSDivを消します。[Stroke]→[Curve Functions]で[Polygroups]のみonにして[Frame Mesh]をクリックするとグループの境界線にカーブラインが生成されます(図19、20、21)。

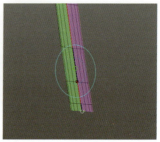

▲図20 グループの境界線にカーブラインが生成される

▶図19 [Polygroups]のみonにして[Frame Mesh]を適用する

14 ▶ 三つ編みのTriIMMブラシを適用

三つ編みのTriIMMブラシでカーブラインをクリックすると三つ編みが生成されます(図21、22)。[Tool]→[SubTool]→[Split]→[Split Masked Points]をクリックして、マスクされている部分とされていない部分を別のオブジェクトにし、カーブのガイドラインにしていたメッシュを削除します。

▲図21 カーブにTriIMMブラシを適用

▲図22 上から見ても三つ編みの流れのラインが綺麗にできている

19 髪留めを作る

三つ編みの先端に丸い髪留めを作ります。プリミティブの球体は普段は使いませんが今回は真円のモデルなので球体を使います。

1 ▶ 髪留めの元なる球体を作る

ここでは真円の形状ですので、プリミティブの球体（Sphere3D）を選んで（図1）、［Make PolyMesh3D］をクリックしてメッシュ化します。

▲図1 プリミティブの球体を使う

2 ▶ 髪留めの元を配置する

［Tool］→［Geometry］→［Divide］をクリックしてSDivを上げたらトランスポーズの［Scale］で縮小して、三つ編みの先に配置します（図2）。

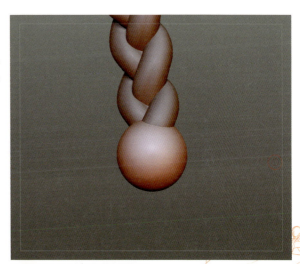

▲図2 SDivを上げて位置を調節する

20 三つ編みの先端を作る

髪飾りのパーツがあるのでそれを利用して三つ編みの先端部分を作ります。

1 ▶ 三つ編みの先端を作る

球体を[Tool]→[SubTool]→[Duplicate]をクリックして複製したら、SDivを上げ下げしてトランスポーズとMoveブラシで形を整えます。
次に、sk_Clothブラシで髪の毛の線をランダムに掘り込みます(図1、2)。

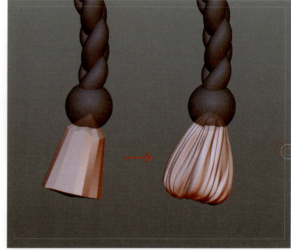

▲図1 sk_Clothブラシで掘り込む

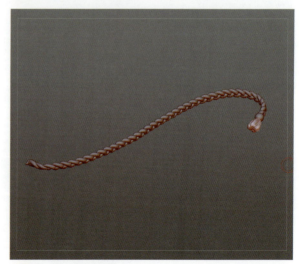

▲図2 三つ編み部分全体図

21 シニヨン周りを作る

シニヨン周り(お団子周り)を制作します。リアルの場合は布でできている部分ですので、あえてランダムに加工することによって自然さを出すようにするとよいです。

1 ▶ シニヨン部分を作る

[SubTool]をアクティブにして、別のオブジェクトを1つ複製して選択します。[Tool]→[Import]をクリックして、本書サンプルの10mmキューブを読み込みます。[Tool]→[Geometry]→[Divide]をクリックして丸っぽくして、マスクをかけてトランスポーズの[Move]を使って上下につぶして加工していきます(図1)。

▲図1 マスクをかけてつぶします

2 ▶ 形状をランダムにする

真円だと逆に不自然なのでMoveブラシで形をランダムにします(図2)。

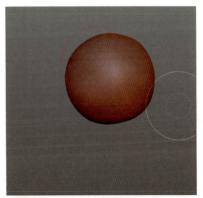

▲図2 Moveブラシでランダムにする

3 ▶ シワ部分をへこませる

sk_Clothブラシやsk_Slashブラシを使ってシワ部分をへこませます(図3)。

▲図3 sk_Clothブラシやsk_slashブラシでシワをつける

4 ▶ 花びら部分を作る

[SubTool]をアクティブにして、別のオブジェクトを1つ複製して選択します。[Tool]→[Import]をクリックして、本書サンプルの10mmキューブを読み込みます。10mmキューブを[Tool]→[Geometry]→[Divide]を7回ほどクリックして丸くします。
次に葉っぱの形でマスクをかけて（図4、5）、[Tool]→[SubTool]→[Extract]で、[S Smt][0][Thick][0.002]、[Double]をonに設定し、[Extract]→[Accept]の順にクリックすると[SubTool]にある該当オブジェクトの下に追加されます（図6、7）。

▲図4 マスクをかける

▲図5 葉っぱの形にマスクをする

▲図6 [Extract]でメッシュ化する

▲図7 厚みがついたメッシュが完成

5 ▶ DynaMesh化する

このままだと加工しにくいためDynaMesh化します（第4章13「Dynameshを利用する」を参照）。
[Tool]→[Geometry]→[DynaMesh]で[Blur][0]、[Resolution][2048]に設定して[DynaMesh]をクリックします（図8、9）。

▲図8 [DynaMesh]の設定

▲図9 DynaMesh化された

6 ▶ 形を整える

Moveブラシとトランスポーズの[Move]で形を整えます（図10）。この際、厚みを確保するように心がけてください。

▶図10 Moveブラシとトランスポーズの[Move]で形を整える

7 ▶ 複製して配置する

［Tool］→［SubTool］→［Duplicate］をクリックして複製したら、トランスポーズの［Rotate］で回転させて配置します（図11、12、13）。

▲図11 複製したらトランスポーズの［Rotate］で回転させる　　▲図12 花びら4枚を配置する　　▲図13 シニヨン周りが完成

8 ▶ 複製して反対側に配置する

全体ができあがったら［Tool］→［SubTool］→［Merge］→［MergeDown］をクリックしてパーツを合体させ、トランスポーズの［Move］で後ろ髪の位置に配置します。
反対側は［Tool］→［SubTool］→［Duplicate］で複製して、［Tool］→［Deformation］→［Mirror］［X］に設定して反対側に配置します（図14、15）。

▲図14 シニヨン周りが完成　　▲図15 ［Mirror］［X］

9 ▶ 体パーツを進行させつつ微調整する

この工程までの画像です（図16、17）。後は、体パーツとの進行との兼ね合いをみつつ、干渉している部分や全体バランスを随時みて、微調整を繰り返していきます。

▲図16 ここまでの頭部状態（正面）　　▲図17 ここまでの頭部状態（背面）

22 ZSphereで体を作る

ZSphereは非常に優れた機能で、体の土台を簡単に制作することができます。
筆者は、フィギュアの体を作る時、ほぼZSphereを使っています。

1 ▶ ZSphereの設定をする

[Tool]→[Adaptive Skin]の[Use Classic Skinning]がonになっていることを確認したら(図1)、[X]キーを押しシンメトリーにしてZSphereで体の土台を作っていきます。
[Density]は高すぎても作りにくいので、[3]くらいにしておくとよいでしょう。

▲図1 [Adaptive Skin]の設定

2 ▶ 体のZSphereを追加していく

ZSphereの親を首上の位置くらいにして、体のZSphereを追加していきます(図2、3、4)。
ポイントとしては、関節部分とその間にZSphereを配置する感じです。
[A]キーを押して、スキンのプレビューをしながら少しずつ移動して調整します(図5)。

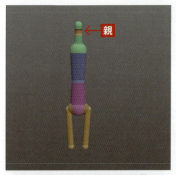

▲図2 ZSphereの親は首の上に配置

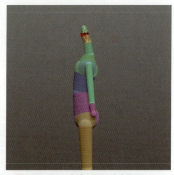

▲図3 ZSphereを追加して体を作る

▲図4 ZSphereで作った体

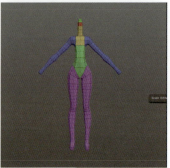

▲図5 [A]キーを押してプレビューする

3 ▶ 体をメッシュ化して読み込む

[Tool]→[Adaptive Skin]→[Make Adaptive Skin]をクリックして体をメッシュ化し、[Tool]→[SubTool]→[Insert]をクリックして読み込みます。
ZSphereの段階である程度グループ分けがされていますので、スキン化して調整する時にビジビリティで表示を切り替えつつ加工してください。

4 ▶ 体の形状を整える

メッシュ化したものを[SubTool]に追加したら、SDivレベルの上下を行いつつ、マスク（[Ctrl]キーを押しつつドラッグ）をうまく使い、トランスポーズ、Moveブラシ、で形状を整えていきます（図6、7、8）。
制作のコツとしては、低Sdivでは大まかな形状を整え、高Sdivでは細かなラインを調整する感じです。
Sdivが足りなかったら、[Tool]→[Geometry]→[Divide]をクリックしてSdivを上げます。
おおよそですが、1オブジェクトで150万Points位までにとどめるほうがレスポンスはよいです。
1オブジェクト300万Pointsを超えると表示が重くなり作業しにくい場合があります（利用しているマシンの性能による）。

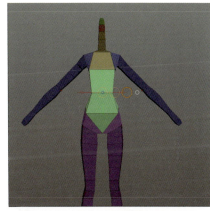
◀図6 マスクをかけて、胴の幅を調整

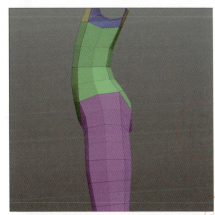
◀図7 Moveブラシでお尻周りを調整する

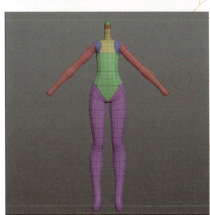
◀図8 腕・足もMoveブラシで調整していく

23 メッシュを再構築する

メッシュ化したものにZRemesherをかけて、メッシュの再構築を行います。

1 ▶ メッシュを再構築する

通常は、ここからポーズをつけていきますが、ここではメッシュの流れがよくなかったためZRemesherをかけて、メッシュの再構築を行います（図1）。
ZSphereのメッシュで問題なければ、そのまま制作していってもかまいません。
メッシュの流れがどう関係してくるのかというと、例えば、間接がうまく曲げにくかったり、ポリゴンが密集していてディテールを加えにくかったりと微妙に不便になります。

◀図1 ZSphereをメッシュ化したもの

2 ▶ ZRemesherを使う

ZRemesherを使いポーズをつけやすいポリゴンの流れに変換します（ZRemesherは自動簡易リトポロジーのようなものなので、必ずしも意図したポリゴンの流れになるとはかぎらない）。
［Tool］→［Geometry］→［ZRemesher］で［Target Polygons Cpunt］［0.5］にして［ZRemesher］をクリックするとポリゴンが再構築されます（図2）。
［Target Polygons Cpunt］のスライダーで、ポリゴン数の目安の設定を変えられます（図3）。

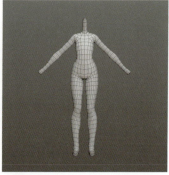

▲図2 ZRemesherをかけたポリゴン

▲図3 ZRemesherの設定項目

3 ▶ 分割数を上げる

ZRemesherでローポリゴンになったので、［Tool］→［Geometry］→［Divide］を数回クリックします（図4、5）。

▲図4 ［Divide］をクリック

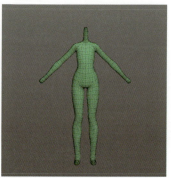

▲図5 ［Divide］クリックして分割数を上げたもの

24 ポーズを変える

トランスポーズモードとマスク機能などを利用してポーズを変えていきます。

1 ▶ トランスポーズモードで円柱の大きさを調整する

トランスポーズモードとマスク機能を使ってポーズをつけて、Moveブラシで微調整します。
マスクの仕方には通常の[MaskLasso]（図1）を使う場合と、トランスポーズのマスク機能（図2）を使う2通りがあります。
トランスポーズマスクは、トランスポーズモードで[Ctrl]キーを押しながらドラッグするとマスクがかかります。マスクのかかり具合に若干の癖があります。

▲図1 [MaskLasso]

▲図2 トランスポーズマスク

2 ▶ マスクをかけて回転させる

Sdivを調整しながら[MaskLasso]でマスクをかけて、トランスポーズの[Rotate]で回転させます（図3、4）。
曲げる時のコツは、実際の人間の骨格の位置で曲げるようにすることです。

▲図3 マスクをかけてトランスポーズの[Rotate]で回転させる（上）

▲図4 マスクをかけてトランスポーズの[Rotate]で回転させる（正面）

3 ▶ マスクをかけて肘を回転させる

肘も同様にして、Sdivを調整しながら[MaskLasso]でマスクをかけてトランスポーズの[Rotate]で回転させます（図5、6、7）。

▲図5 マスクをかけてトランスポーズの[Rotate]で回転させる

▲図6 トランスポーズの[Rotate]で曲げただけだと肘が綺麗に曲がらない

▲図7 Moveブラシで肘を調整

4 ▶ 腰を曲げる

腰はトランスポーズマスクを使ってマスクをして曲げます（図8、9、10、11）。
トランスポーズマスクの場合はブラーがかかりやすいので、緩やかに曲げたい時には便利です。

▲図8 トランスポーズマスクをかける

▲図9 トランスポーズの[Rotate]で腰を反らせる

▲図10 頭部とのバランスを見つつ曲げていく

▲図11 ここまでの画像

5 ▶ 足を曲げる

腿（もも）の付け根は腕同様に曲げます。膝は1支点で曲げようとせずに、2点で曲げると自然な感じになります。
一度に曲げようとせず、何回かに分けて少しずつマスクと曲げる支点を変えて曲げるのがコツです（図12、13、14）。

▲図12 [MaskLasso]でマスクをかけてトランスポーズの[Rotate]で回転させる

▲図13 トランスポーズの[Rotate]で回転させる

▲図14 2箇所で曲げると自然な膝の曲がりになる

25 筋肉をつける

曲げた部分などに筋肉の盛り上がりをつけます。

1 ▶ 筋肉の盛り上がりを作りつつ Moveブラシで整える

Inflatブラシで押し付けられた筋肉の盛り上がりを作りつつ、Moveブラシで整えます（図1）。

◀図1 Inflatブラシで筋肉の盛り上がりを作る

2 ▶ 左足の付け根を回転させる

左足の付け根も[MaskLasso]でマスクをかけて、トランスポーズの[Rotate]で回転させます（図2、3）。

▲図2 マスクをかけてトランスポーズの[Rotate]で回転させる　▲図3 左足を内側に曲げる

3 ▶ 全体のバランスを整える

全体のバランスを見つつ、Moveブラシ、Polishブラシ、sk_Clothブラシ、smoothブラシ等を使い、ディテールを追加していきます（図4）。

◀図4 ディテールを追加していった体パーツ

---

memo　中身の体を作ることが大事

服を着ているキャラクターの場合、いきなり服を着た状態で作らず中身の体から制作して服を着せていきます。
これは、いきなり服をつけて作ると骨格のデッサンが崩れて不自然な形になりやすいからです。
例えば、服のシワが体にめり込んで不自然だったりするものをよく見かけます。

26 胸を作る

豊かな胸の部分を作成します。

1 ▶ 胸の元を作る

Inflatブラシ(図1)またはMagnifyブラシ(図2)で胸を膨らませMoveブラシを使って形を整えます(図3、4)。
密度が足りない場合は[Tool]→[Geometry]→[Divide]をクリックして上げます。
オブジェクト1個が150万pointsを超えるとモデリングのレスポンスが悪くなるかもしれませんので注意してください。

▲図1 Inflatブラシ

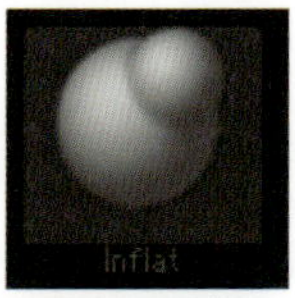

▲図2 Magnifyブラシ

◀図3 Inflatブラシで膨らませる

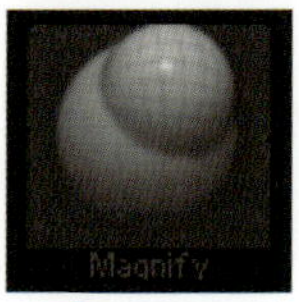

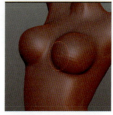
◀図4 Moveブラシで整える

2 ▶ 服のシワを作る

現状、体のパーツは102万Pointsあり(図5)、[Divide]をかけると(4倍になるので)408万Pointsとなり加工がしにくくなります。
そういう時は、体を一気にモデリングしようとせず、部分ごとに切り分けて制作します。

▲図5 102万Pointsある

3 ▶ 複製する

体のパーツを[Tool]→[SubTool]→[Duplicate]をクリックして複製します(図6)。

◀図6 [Duplicate]で複製する

4 ▶ 使う部分だけを表示する

[SelectLasso](図7)を選択して、服として使う部分だけを[Ctrl]+[Shift]+[Alt]キーを押しつつドラッグで囲んで非表示にします(図8)。

▶図7 [SelectLasso]

◀図8 [SelectLasso]で不要な部分を隠す

> **memo** **SDivを残しつつ切り離す場合**
> SDivを残しつつ切り離す場合は、通常はSDivを低くしてから、[SelectLasso]でいらない部分を隠し、[Tool]→[SubTool]→[Split Hidden]（図9）をクリックして隠れている部分を切り離します（図10）。
> しかし[Split Hidden]は場合によってはディテールが崩れてしまう時もあるので気を付けてください（図11）。
> ディテールが崩れる場合はグループ分けを利用した切り離しを行います。

◀図10 隠れていた部分が切り離される

▶図9 ［Split Hidden］をクリック

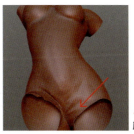

◀図11 股の部分のディテールが崩れている

5 ▶ グループ化して体部分を切り分ける

SDivを下げて［SelectLasso］で必要な部分のみ表示させたら、[Tool]→[PolyGroups]→[GroupVisible]をクリックして、表示している部分をグループ化します（図12）。

［Ctrl］+［Shift］キーで何もない空間をドラッグして、表示している部分を反転したらもう一度、[Tool]→[PolyGroups]→[GroupVisible]をクリックします（図1）。

この状態で[Tool]→[SubTool]→[Groups Split]をクリックするとSDivが残ったままグループごとに[SubTool]内のオブジェクトとして切り分けられます（図13、14）。

▲図12 グループ化する

▲図13 ［Tool］→［SubTool］→［Groups Split］

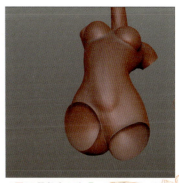

▲図14 股部分のディテールも残っている

6 ▶ 密度を上げてディテールアップする

体の部分を切り出したのですが、まだ胸の部分の密度が低いので上げます(図15)。
現在35万PointsでSDiv7ですので(図16、17)、[Tool]→[Geometry]→[Divide]をクリックしてもう1つSDivを上げても問題なさそうです。

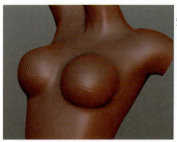

◀図15 胸のポリゴンが荒い

▲図16 35万Pointsあることがわかる

▲図17 SDiv7あることがわかる

7 ▶ 密度を上げてディテールアップする

SDiv8で約140万Pointsになりました(図18、19)。これ以上、上げると処理が重くなるのでこのままディテールを追加していきます。

▶図19 約140万Pointsあることがわかる

◀図18 SDiv8に上げている

8 ▶ 肋骨ラインを作る

sk_Clothブラシ、sk_ClayFillブラシを使って、肋骨ラインをざっくりと作ります(図20)。

◀図20 肋骨ラインを追加

9 ▶ 服のシワを追加する

Moveブラシ、Polishブラシ、sk_Clothブラシ、sk_ClayFillブラシを使って、服のシワを追加します(図21、22)。

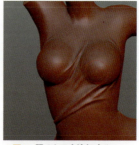 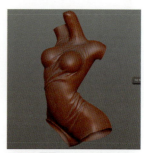

▲図21 服のシワを追加する ▲図22 腰周りのシワも追加する

27 手を作る

ZSphereで細かい手の部分を制作します。ZSphereはクラシックモードで制作するのですが、ここでは手を作りやすい「ノーマルモード（ZSphereⅡ）」で制作をしていきます。
ZSphereⅡはZSphereで作った形に近い感じでメッシュが張られる仕様ですので、初めての方には扱いやすいかと思います。

1 ▶ [SubTool]にZSphereを読み込む

[Tool]→[SubTool]→[Insert]をクリックして、ポップアップウィンドウを展開し、ZSphereを[SubTool]に読み込みます（図1）。

◀図1 画面内に呼び出す

2 ▶ ZSphereで手の形を作る

[Tool]→[Adaptive Skin]→[Use Classic Skinning]がoffになっていることを確認したら、ZSphereで図2、3のように手の形を作ります。

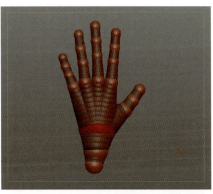

◀図2 ZSphereで手の形を作る。親は赤い部分になる

memo クラシックモードの場合

ZSphereのクラシックモードで作る場合は図4、5のようになります。メッシュの張られ方が想定できないので何度も調整する必要があります。特に指の付け根のSphereの作り方がノーマルモード時とは違います。

▲図4 ZSphereのクラシックモード

▲図5 [A]キーを押してスキンのプレビューをしたところ

◀図3 [A]キーを押してスキンのプレビューをしたところ

3 ▶ 指を曲げる

ZSphereができたら、[Tool]→[Adaptive Skin]→[Make Adaptive Skin]をクリックしてメッシュ化します。メッシュ化されたオブジェクトは3DMeshパレットに配置されていますので[Tool]→[SubTool]→[Insert]をクリックして作成されたメッシュを読み込みます。
次に[MaskLasso]を選択したら[Ctrl]キーを押しつつ、曲げない部分をマスクで囲んで、トランスポーズで指を曲げます(図6、7)。間接ごとにポリグループを分けておくと作業が楽になります。

▲図6 [MaskLasso]でマスクをする　▲図7 トランスポーズで指を曲げる

4 ▶ 指を整えて爪をモールドする

Moveブラシ、Polishブラシを使いラインを整えたら、sk_Slashブラシで爪周りのへこみを掘り込みます(図8、9)。

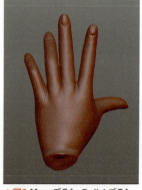 

▲図8 Moveブラシ、Polishブラシで整える　▲図9 ポリグループは間接ごとにしておくと作業がはかどる

5 ▶ 右手を作る

左手ができあがったら、[Tool]→[SubTool]→[Duplicate]をクリックして複製して、[Tool]→[Deformation]→[Mirror]→[X]に設定して反転させます。
左手は武器の取っ手を制作した後に調整します。
右手と同様にして、マスクを使い関節ごとに取っ手を握った感じに指を曲げます(図10、11)。

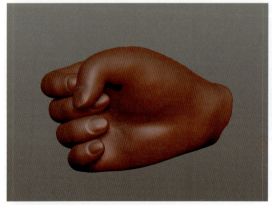 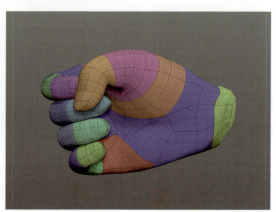

▲図10 武器の取っ手に合わせて指を曲げる　▲図11 メッシュ画像

28 スカートのプリーツを作る

スカートのプリーツ部分の土台を作成します。
流れとしては、プリミティブの円柱を使い、シンメトリー効果を利用してプリーツを作ります。

1 ▶ 円柱を作成して分割しメッシュ化する

プリミティブの[3D Meshes]→[Cylinder3D]（円柱）を選択して画面に出します（図1）。プリーツが14枚ですので折込も含んで28分割します。
[Tool]→[Initialize]で[HDivide][28]、[VDivide][6]に設定して、[Tool]→[Make PolyMesh3D]をクリックしてメッシュ化します（図2、3）。

caution! シンメトリー
シンメトリーは原点に対して利きますので、原点からずらさないで作業してください。

▲図1 [Cylinder3D]を選ぶ

▲図2 Initializeの設定

▲図3 メッシュ化します

2 ▶ 側面のみを表示させて外周部に[Crease]をかける

[SelectLasso]（図4）を選び、[Ctrl]＋[Shift]キーを押しながらドラッグして、側面のみを表示させます。[Tool]→[Geometry]→[Crease]→[Crease]をクリックして外周部分に[Crease]をかけます（図5、6）。
片面が終わったら反対側の面にも[Crease]をかけてください。

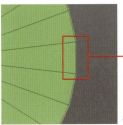
▲図4 [SelectLasso]

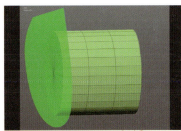
▲図5 [Ctrl]＋[Shift]キーを押しながらドラッグして選択

memo [Crease]の機能
[Crease]は、[Divide]がかかる時に、[smooth]が設定回数分まではかからずにエッジを維持させる機能です。[Crease]がかかっている場合はメッシュ線が二重線になります。

◀図6 [Crease]がかかると二重線になる

3 ▶ 円柱を回転させる

このままだと円柱が画面方向に向いていて作業しにくいので縦に回転させます。
[Tool]→[Deformation]→[Rotate] [X] [90]に設定して、回転させます（図7、8）。

◀図7 [Rotate]を[X] [90]に設定して回転させる

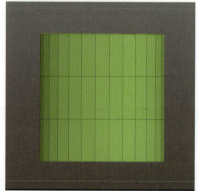

◀図8 円柱を縦にする

4 ▶ ラジアルシンメトリーを利用する

シンメトリーは対だけではなく放射状にも設定できますのでそれを利用します。
[Activate Symmetry]で[Y] [R]をonに設定して、[RadialCount] [14]に設定します（図9）。

◀図9 14ポイントのラジアルシンメトリーにする

29 プリーツの折込を作る

スカートのプリーツの折込を作ります。

1 ▶ マスクをかける

[MaskLasso]で外周の頂点の1つを囲むようにしてマスクをかけます（図1、2）。
シンメトリー効果で14ポイントも同時にマスクがかかります。

◀図1 [MaskLasso]

◀図2 頂点の1つを囲んでマスクをする

2 ▶ 頂点を移動する

[Tool]→[Deformation]→[Rotate][Y]に設定して、スライダーを移動させ、画像のように回転させます（図3）。

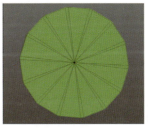
◀図3 [Rotate][Y]に設定して頂点を回転させる

3 ▶ 内側にへこませる

[Tool]→[Deformation]→[Size][X][Z]に設定し、スライダーをマイナス方向にして内側にへこませます（図4、5）。

◀図4 [Size][X][Z]に設定して縮小する

▲図5 内側にへこませる

4 ▶ 表示部分をグループ化する

[SelectLasso]を選び、[Ctrl]+[Shift]キーを押しながらメッシュ線の上をクリックするとループ状に隠れます（図6）。
表示されている部分を[Tool]→[PolyGroups]→[GroupVisible]をクリックしてグループにします（図7）。

▲図6 [SelectLasso]でループ状に隠す

▲図7 [GroupVisible]をクリックしてグループにする

5 ▶ プリーツのエッジを残すため[Crease]をかける

プリーツのエッジが残るように[Tool]→[Geometry]→[Crease]→[Crease]をクリックして[Crease]をかけます(図8、9、10)。
[Crease]を適用すると隠されていた部分が表示されます。

▲図8 [Crease]をクリック

▲図9 全体を確認

▲図10 [Crease]がかかると二重線になる

---

memo ZBrush 4R7 P2での仕様変更

ZBrush 4R7 P2でプリミティブの仕様変更されましたので解説します。
ZBrush 4R6 P2の時は円柱形の中心部分はポイントが接合されていませんでした(図11)。
ZBrush 4R7 P2では円柱形の中心部分のポイントが接合する仕様に変更されたため、[Divide]をかけた時の蓋のメッシュの分割の感じが変わってしまいました(図12)。
その代替策として、ZBrush 4R7 P2では蓋部分の分割を制御する設定が追加されました(図13)。

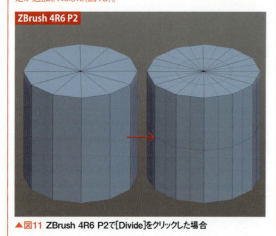

▲図11 ZBrush 4R6 P2で[Divide]をクリックした場合

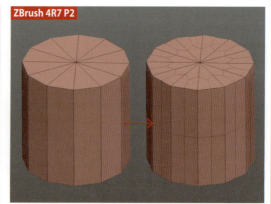

▲図12 ZBrush 4R7 P2で[Divide]をクリックした場合

▶図13 [CapSubRatio]で蓋の分割を変えられる

> **memo** ZBrush 4R7 P2で作る場合

❶円柱を作成して 分割しメッシュ化する

プリミティブの[3D Meshes]→[Cylinder3D]（円柱）を選択して、[Tool]→[Initialize]で[Align Y]、[HDivide][28]、[VDivide][8]、[CapSubRatio][(80〜90位)]に設定します。[Tool]→[Make PolyMesh3D]をクリックしてメッシュ化します。次に、天面・底面に[Crease]かけます（図14、15）。

▲図14 [Initialize]の設定

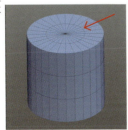
▲図15 [CapSubRatio]に設定して、蓋に分割線が1本入るようにする

❷シンメトリーにする

[Activate Symmetry][Y][R]をon、[RadialCount][14]に設定してシンメトリーを使います（図16）。

▲図16 [Activate Symmetry]の設定

❸マスクをかけてトランスポーズの[Rotate]で回転させる

[MaskLasso]で頂点列の1つを囲むようにしてマスクをかけ、トランスポーズの[Rotate]で回転させます（図17、18、19）。

◀図17 [MaskLasso]

▲図18 頂点の1つを囲んでマスクをする

▲図19 トランスポーズの[Rotate]で回転

❹プリーツの折り返し部分をへこませる

[Tool]→[Deformation]→[Rotate][Y]に設定して、スライダーを移動して回転させ、[Size][X][Z]に設定してへこませます（図20）。

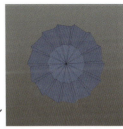
▶図20 [Size][X][Z]に設定してへこませる

❺グループ分けをする

[SelectLasso]を選び、メッシュ線の上をクリックしてループ状に隠し、[Tool]→[Polygroups]→[GroupVisible]をクリックしてグループを分けます（図21）。

▶図21 [SelectLasso]を使ってグループ分けする

以上で、後はZBrush 4R6 P2の時と同様に加工できます。

30 プリーツの全体ラインを緩やかにする

プリーツの全体のラインを調整していきます。

1 ▶ 緩やかなラインにする

下の部分をマスクしつつ、[Tool]→[Deformation]→[Size][X][Z]に設定して、スライダーをマイナスに移動して緩やかなラインに縮小します(図1、2)。

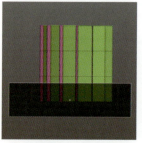

▲図1 下の部分をマスクをする　　▲図2 [Tool]→[Deformation]→[Size][X][Z]に設定して、縮小する

2 ▶ 2段目・3段目をマスクをかけて縮小する

一番下の時と同様に2段目をマスクをかけて、[Tool]→[Deformation]→[Size][X][Z]に設定し、さらに縮小していきます(図3、4)。
3段目も同様にして全体が緩やかな感じになるように調整します。

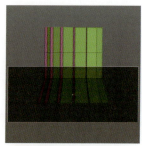
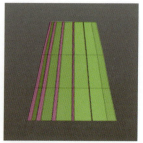

▲図3 2段目をマスクする　　▲図4 [Tool]→[Deformation]→[Size][X][Z]に設定して、縮小する

3 ▶ 前後につぶす

トランスポーズの[Move]で前後につぶします(図5)。イメージとしては、体の骨盤より少し広い幅位にしておくとよいです。

◀図5 トランスポーズの[Move]でつぶす

31 プリーツを体に合わせて調整する

プリーツを体に合わせて調整していきます。

1 ▶ サイズを調整する

体を表示させてスカート部分をトランスポーズの[Move][Scale][Rotate]を使って、サイズを調整します（図1、2、3、4）。

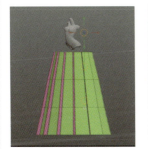
▲図1 トランスポーズの[Scale]で縮小する

▲図2 トランスポーズの[Move]で縦に伸ばす

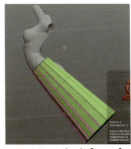
▲図3 トランスポーズの[Rotate]で角度を合わせる

▲図4 トランスポーズの[Move]で位置を調整する

2 ▶ プリーツを複製する

プリーツは前側用と後側用で別パーツで作りますので[Tool]→[SubTool]→[Duplicate]をクリックして複製します（図5）。

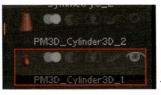
◀図5 [Duplicate]をクリックして複製する

3 ▶ プリーツをグループ化する

プリーツの前側は6枚使うので、6枚分を残して[SelectLasso]（[Ctrl]+[Shift]+[Alt]キーを押しながらドラッグ）します。次に[Ctrl]+[Shift]キーを押しながら何もない空間でドラッグして反転して、[Tool]→[PolyGroups]→[GroupVisible]をクリックしてグループにします（図6、7、8）。
この部分は最後に切り取って削除しますが、プリーツの端のエッジを残すためにあえて残したまま制作していきます。

▲図6 [SelectLasso]を選択して、[Ctrl]+[Shift]+[Alt]キーを押しながらドラッグして隠す

▲図7 [Tool]→[PolyGroups]→[GroupVisible]をクリックしてグループにする

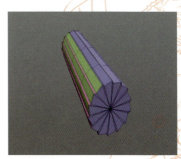
▲図8 底面もグループに入れておく

> **memo** スカートを作る時の小技
>
> 円筒形のスカートのような形状を作る時には、蓋がない状態で制作すると端の部分が微妙に曲がったりして、直すのが非常に困難になります（図9、10）。
> そのため天面・底面に蓋をして制作すると、スカートの端の部分を制作していってもエッジが保持されやすくなります。

◀図9 蓋がないと[Divide]をクリックした時に縮んでしまう

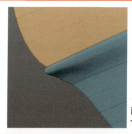

◀図10 端の部分が歪みやすくなる

4 ▶ 腰との合わせ部分を調整する

[Tool]→[Geometry]→[Divide]をクリックしてSDivを上げて、腰との合わせ部分をMoveブラシで寄せていきます（図11、12）。

▲図11 [Tool]→[Geometry]→[Divide]をクリック

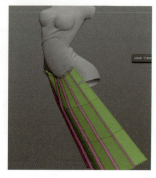

▶図12 腰との接点部分をMoveブラシで調整する

5 ▶ イラストに合わせて曲げる

[Tool]→[Geometry]→[Divide]をクリックしてSDivを上げてラインを滑らかにしつつ、トランスポーズとMoveブラシでプリーツを後ろに回り込ませます（図13、14、15）。
この作業は慣れないと難しいと思います。
コツとしては、高いSDivで曲げようとするとどうしてもプリーツのエッジが曲がってしまうため、なるべく低いSDivで曲げていくことです。

▲図13 プリーツを後ろに回り込ませる

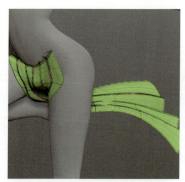

▲図14 Sdiv6まで[Divide]をかけた状態

▲図15 隠していたポリグループを表示したところ

32 プリーツの後側を作る

プリーツの後側を作成します。基本的な流れは前側の時と同様になります。

1 ▶ プリーツの後側を作る

プリーツの後側は8枚使うので、8枚を残して前側の時と同様に制作してください（図1〜7）。

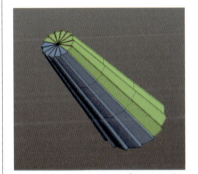
▲図1 使わない部分にグループ分けをする（水色が使わない部分）

▲図2 トランスポーズの[Move]で位置を調整する

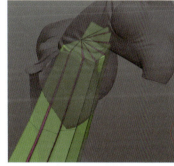
▲図3 Moveブラシで接点を調整する

▲図4 トランスポーズの[Move]で曲げてなびかせる

▲図5 SDivを上げつつ微調整する

▲図6 隠していたポリグループを表示したところ

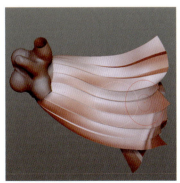
▲図7 後ろから見たところ

33 プリーツにシワを追加する

プリーツにシワを加えます。

1 ▶ プリーツにシワを追加する

sk_Clothブラシを使ってスカートにシワを追加します。この場合のsk_Clothブラシを使うコツは、何度もブラシをひくのではなく、一気に線を引っ張るように描くことです（図1、2）。

sk_Clothブラシは、プリーツの折込などが寄りにくいようにカスタマイズされていますが、何度も繰り返しかけるとプリーツのエッジのメッシュが汚くなってきます。

▲図1 sk_Clothブラシでシワをつける（正面）

▲図2 sk_Clothブラシでシワをつける（上図）

34 ニーソックスのラインを作る

ニーソックスのラインを作成していきます。

1 ▶ ニーソックスのラインを作る

このままではラインがガタガタになるので[Tool]→[Geometry]→[Divide]をクリックしてSDivを1つ上げます。全体を[Tool]→[Polygroups]→[GroupVisible]をクリックして1グループ化します。[MaskCurve]を選択して、[Ctrl]キーを押しながらドラッグし、ニーソのラインから上をマスクします。
ラインを曲げたい時は、マスクをかけつつ[Alt]キーを1度押すとポイントができて、ある程度制御できます(図1、2、3)。

▲図1 ここまでのメッシュとポリグループ

▲図2 [MaskCurve]

◀図3 [Ctrl]キーを押しながらドラッグでニーソラインでマスクをかける

2 ▶ 複製する

ここで念のために[Tool]→[SubTool]→[Duplicate]をクリックして、複製をとってから加工します。
毎回うまくいくとはかぎらないため、基本的は大きな加工作業をする場合は複製してから行うようにしましょう。

◀図4 [Tool]→[Polygroups]→[GroupVisible]で1グループにする

▲図5 [Tool]→[Polygroups]→[Group Masked Clear Mask]をクリックしてグループを分ける

3 ▶ ポリグループを分ける

[Tool]→[Polygroups]→[Group Masked Clear Mask](ショートカット:[Ctrl]＋[W]キー)をクリックしてマスク部分のポリグループを分けます(図4、5、6)。

◀図6 マスクしていた部分が別グループ化された

35 ニーソのゴム部分を細かく仕上げる

ニーソのゴム部分を細かく仕上げます。

1 ▶ ニーソのゴム部分を円柱の大きさを調整する

[SelectRect]で緑色のポリグループのみ表示させたら、[MaskCurve]で幅1.5mm位の位置にマスクをかけて、[Tool]→[Polygroups]→[Group Masked Clear Mask]をクリックして、グループを分けます（図1、2）。グループをあえて分けるのは後の工程をやりやすくするためです。

▲図1 幅1.5mm位の位置にマスクをかける

▲図2 [Group Masked Clear Mask]をクリックしてグループを分ける

2 ▶ 肌部分をマスクする

[SelectRect]でゴム部分をいったん隠したら[Ctrl]キーを押しつつ、ドラッグして全体マスクをかけます。次に[Ctrl]+[Shift]キーを押しつつ空間をクリックして、全表示させます（図3、4）。

▲図3 [SelectRect]

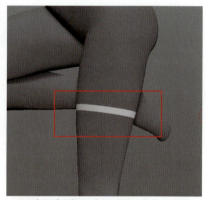
▲図4 [Ctrl]+[Shift]キーを押しつつドラッグして全表示する

3 ▶ マスクにブラーをかける

マスクをしたら、[Ctrl]キーを押しつつマスク部分を10〜20回クリックして、ブラーをかけ、境界線をぼかします（図5）。

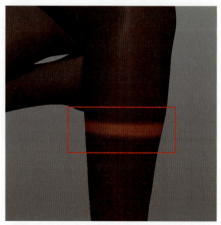
◀図5 マスクにブラーをかける

4 ▶ 食い込み部分をへこませる

[Tool]→[Deformation]→[Inflate][-4]に設定して、へこませるとマスクのブラーの部分が緩やかにへこんで肌の食い込み表現ができます(図6、7、8)。

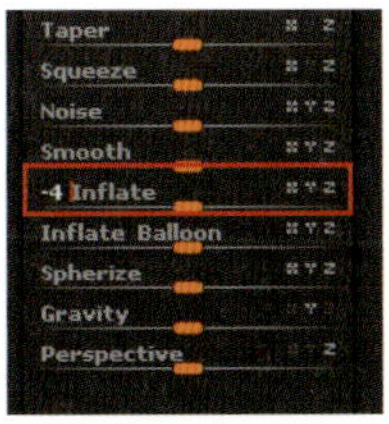

▲図6 [Tool]→[Deformation]→[Inflate][-4]に設定

▲図7 マスクをかけていない部分をへこませる

▲図8 肌の食い込み表現ができた

5 ▶ ゴム部分を出す

次に、もう一度ゴム部分以外をマスクし直します。この時、境界線がぼやけていないようにしてください。ぼやけていた場合は、マスクの上で[Ctrl]+[Alt]キーを押しつつクリックすると、境界線がシャープになっていきます。

[Tool]→[Deformation]→[Inflate][2]に設定して押し出すと、ゴム部分の凸の表現ができます(図9、10、11)。

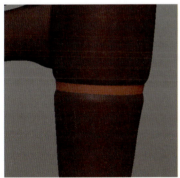

▲図9 ゴム部分以外をマスクする

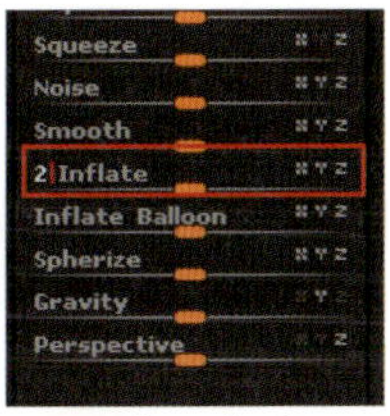

▲図10 [Tool]→[Deformation]→[Inflate][2]に設定して押し出す

▲図11 ゴム部分が押し出された

36 ガーターベルトを作る

ガーターベルトを作ります。

1 ▶ ガーターベルトのラインのマスクを作成する

[MaskCurve]を選択して、体の部分にガーターベルトのラインでマスクを作成したら、[Tool]→[SubTool]→[Extract]で、[S Smt][0]、[Thick][0.003]に設定し、[Extract]→[Accept]の順にクリックします。するとメッシュ化されて[SubTool]の該当するオブジェクトの下に追加されます(図1、2、3、4、5)。

▲図1 [MaskCurve]

> **memo** [Double]について
> [Double]をonにしていると表裏両面に押し出したメッシュができます。

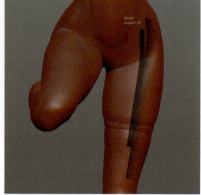
▲図2 [MaskCurve]でマスクをかける

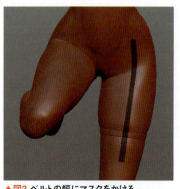
▲図3 ベルトの幅にマスクをかける

▲図4 [S Smt][0]、[Thick][0.003]に設定して[Extract]→[Accept]の順にクリック

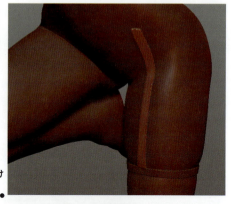
▶図5 マスクした部分に厚みをつけてメッシュ化された

2 ▶ 下絵を描く

Photoshopやフリーの画像ソフトで描いた下絵を準備します。画像サイズは最低でも1600pixel以上にしてください。
[Spotlight]で色を転写する場合は真黒は透過される仕様ですので周りは黒で塗りつぶします(図6)。

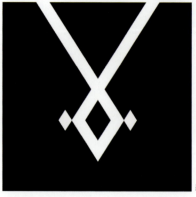
◀図6 画像ソフトで下絵を描く

3 ▶ 画像を読み込む

テクスチャーサムネールからパネルを出し、[Import]をクリックして手順2で作成した画像を読み込みます（図7）。
テクスチャーサムネールに読み込んだ画像を表示させてから（図8）、[Texture]→[Add To Spotlight]（図9）をクリックするとSpotlightとマニピュレーターが出てきます（図10）。

▲図7 [Import]をクリックして画像を読み込む

▶図8 ライトシェルフにテクスチャーを表示させる

◀図9 [Add To Spotlight]

▶図10 Spotlightの起動時

4 ▶ 転写したい位置に合わせる

Spotlight編集用のマニピュレーターが出てくるので、移動（画面内ドラッグ）と拡大／縮小や回転をして、転写したい位置に合わせます（図11、12）。

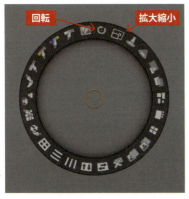

▶図11
Spotlight編集用のマニピュレーター

◀図12 大きさと位置を合わせる

37 全体に色を塗る

後工程で、白色と黒色でグループ分けしますので、その下準備として全体に黒色を塗っていきます。

1 ▶ 全体を塗る

[Shift]+[Z]キーでいったん[Spotlight]を終了します。
全体に色を塗るためトップシェルフの[Rgb]をonにして色を黒にした後、[Color]→[FillObject]をクリックして全体を塗ります(図1)。

◀図1 [FillObject]をクリックして全体を塗りつぶす

2 ▶ Spotlightを呼び出す

sk_AirBrushを選択した後に、[Z]キーを押し、Spotlightを呼び出します(図2、3)。
もう一度[Z]キーを押すとマニピュレーターのみ非表示になります(図4)。

▲図2 sk_Airブラシ

▶図3 [Z]キーを押してSpotlightを呼び出す

◀図4 [Z]キーを押すとマニピュレーターのみ非表示にする

3 ▶ ブラシでなぞる

sk_AirブラシでSpotlightの上をなぞると、白色がオブジェクトに転写されます(図5)。
転写し終わったら[Shift]+[Z]キーでSpotlightを終了します。

◀図5 sk_AirブラシでSpotlightの上をなぞる

4 ▶ カラー情報からマスク情報に変換する

[Tool]→[Masking]→[Mask By Color]→[Mask By Intensity]をクリックして、色情報からマスクをかけたらトランスポーズの[Move]で1mmほど外側に移動させます（図6、8、9、10）。
色が付いたままで見づらい場合は、サブツールの筆マークをoffにしてください（図7）。

▲図6 [Mask By Intensity]でマスク化する

▲図7 筆マークをoffにしてカラー非表示にする

▶図8 カラー情報からマスク化された

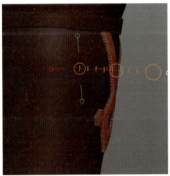
▲図9 トランスポーズの[Move]で外側に移動する

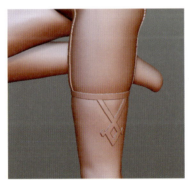
▲図10 ここまでの状態

memo 厚みを確認する方法の小技

厚みを確認する方法としては2つの方法があります。任意のサイズのキューブを作ってサイズを確認する方法、もう1つはトランスポーズを擬似的に定規として使う方法です（図11）。それぞれの設定方法をP.136～137で解説します。

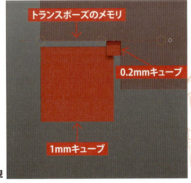
▶図11 キューブとトランスポーズの擬似定規

任意のサイズのキューブを作る場合

1 ▶キューブを読み込む

プリミティブの[3D Meshes]で星型を選択して、画面に出します。
[SubTool]をアクティブにして、別のオブジェクトを1つ複製して選択します。[Tool]→[Import]をクリックして、本書サンプルの10mmキューブを読み込みます(図1)。

◀図1 10mmキューブを読み込む

2 ▶任意のサイズのキューブを作る

[Zplugin]→[3D Print Exporter]で[mm]に設定して、[Update Size Ratios]をクリックし、10mmになっているかを確認します。なおソフトの仕様によっては9.9999となる場合もありますが、誤差の範囲なので問題ないです。
次に、数字の部分を好きなサイズにして、[Enter]キーを押して決定します。右下の[OBJ]をクリックするとそのサイズのキューブがエクスポートされます。[SubTool]にそれらを読み込むと、サイズの目安となるキューブとして使えます(図2)。通常、よく使うのは、0.5mm、1.0mm、2mmですのでその3つを作っておくとよいです。

◀図2 [3D Print Exporter]

トランスポーズを擬似的定規として設定する場合

1 ▶トランスポーズのメモリを調節する

プリミティブの[3D Meshes]で星型を選択して画面に出します。
[SubTool]をアクティブにして、別のオブジェクトを1つ複製して選択します。[Tool]→[Import]をクリックして、本書サンプルの10mmキューブを読み込みます(図3)。
[Zplugin]→[3D Print Exporter]で[mm]に設定して、[Update Size Ratios]をクリックし、10mmかどうか確認します(図4)。
キューブの両端の点にトランスポーズを配置します(図5)。

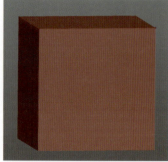

▲図3 10mmキューブを読み込む

▲図4 サイズの確認

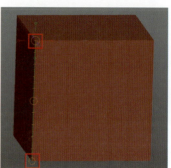

▲図5 トランスポーズを両端に付ける

2 ▶ トランスポーズの長さを10分割する

[Tool]→[Preferences]→[Transpose Units]を開いて、[Minor Ticks][10]、[Major Ticks][1]、[Calibration Distance][10]に設定します(図6)。この設定の意味をわかりやすく説明すると、現状のトランスポーズの長さを10分割して、なおかつその1メモリを10分割するという設定です。これにより、1メモリが1mmと定義されて、その中に0.1mmの小さなメモリも追加されます。

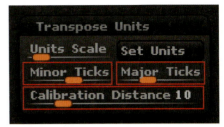

▲図6 [Transpose Units]を設定する

3 ▶ 名前を付ける

[Set Units]をクリックして、任意の名前を付けて[Enter]キーを押します(図7)。

> **caution!** 名前について
> ZBrushを再起動すると、名前はデフォルト名に戻ります。

▲図7 名前を付ける

4 ▶ 10分割されているか確認する

トランスポーズが10分割されて、なおかつその中に小さなメモリが10分割されているのがわかります(図8、9)。これで、1mmのメモリができて、その中に小さなメモリが0.1mm単位であるものができあがりました。

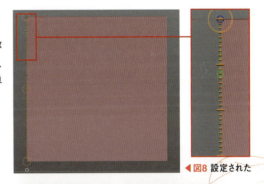

◀図8 設定された

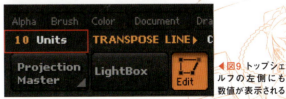

◀図9 トップシェルフの左側にも数値が表示される

5 ▶ 設定の保存

[Transpose Units]の設定は、保存の紐付けが公表されておらず、基本的にはZBrushを立ち上げるごとに毎回設定する必要があるようです。

> **caution!** [Calibration Distance]の値
> [Calibration Distance]の値は手動で書き換えた後、Scale値の違うプロジェクトデータ等を読み込んだ際に影響を受けて書き換わってしまうので、この機能を使う時は注意が必要です。まったく別のデータを作る、編集する際はZBrushを再起動し、作業前に[Calibration Distance]の値の書き換えを行ってください。

38 パンツ部分を作る

マスク機能を利用してパンツラインとゴム紐のラインを作ります。
工程としては、ニーソラインの制作の時と同様です。

1 ▶ パンツのアウトラインの外側にマスクをかける

［MaskLasso］でパンツのアウトラインの外側にマスクをかけます（図1、2、3）。
マスクし終わったら、［Ctrl］キーを押しつつ、マスク部分をクリックしてシャープにします。

▲図1
［MaskLasso］

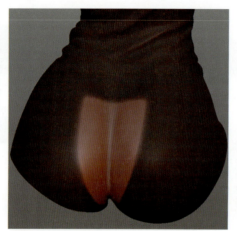 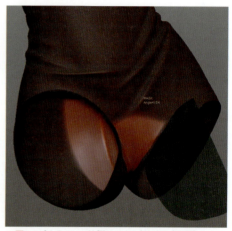

▲図2 アウトラインの外側にマスクをかける（背面） ▲図3 アウトラインの外側にマスクをかける（正面）

2 ▶ 境界線をグループ化してマスクをかける

［Tool］→［Polygroups］→［Group Masked］を2回クリックすると、境界線にグループができます（図4）。
［SelectRect］を選択して、［Ctrl］＋［Shift］キーを押し、水色のライン部分のみを表示をしてマスクをかけます（図5、6）。

▲図4 ［Group Masked］を2回クリックして境界線にグループを作る ▲図5 境界線部分のみ表示する ▲図6 境界線にマスクをかける

3 ▶ 境界線をぼかす

[Ctrl]キーを押しつつ、空間をクリックしてマスクを反転させたら、マスク部分を数回クリックして境界線をぼかします（図7）。

◀図7 境界線をぼかす

4 ▶ 肌に食い込みを作る

[Tool]→[Deformation]→[Inflate][-3]に設定して肌の食い込みを作ります（図8）。

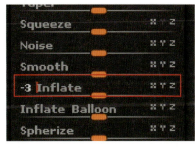

◀図8 [Inflate][-3]に設定

5 ▶ ゴム部分を押し出す

ゴムライン部分以外をマスクして、今度は[Tool]→[Deformation]→[Inflate][2]に設定し、ゴム部分を押し出します（図9、10）。

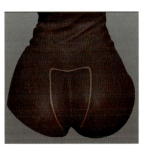 

▲図9 ゴムライン部分以外をマスクする　　▲図10 [Inflate][2]に設定してゴム部分を押し出す

6 ▶ シワを追加する

sk_Clothブラシ、sk_Slashブラシを使ってシワを追加します（図11）。

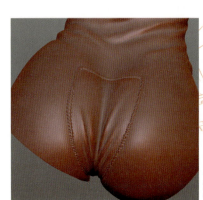

◀図11 sk_Clothブラシ、sk_Slashブラシでシワを追加する

39 靴底を作る

靴底を作っていきます。

1 ▶ Plane3Dを選んでメッシュ化する

プリミティブの[3D Meshes]から[Plane3D]を選択して、[Tool]→[Make PolyMesh3D]をクリックし、メッシュ化します（図1）。

◀図1 [Plane3D]を選択

2 ▶ [Plane3D]を分割する

[Tool]→[Geometry]→[Smt]をoffにして、[Divide]をクリックして、分割数を上げます（図2、3、4）。
ここでは[SDiv][10]、263000Pointsまで上げました。

▲図2 [Smt]をoffにして[Divide]をクリックする

▲図3 約263000Pointsになっている

▶図4 SDivを上げた状態

3 ▶ カーブに沿って曲げる

[ClipCurve]を使ってカーブに沿って曲げます。
[Ctrl]+[Shift]キーを押しつつ、ドラッグしながら[Alt]キーをワンクリック（カーブを曲げる）して、靴底のカーブを描きます（図5、6、7）。

▲図5 [ClipCurve]

▲図6 [Ctrl]+[Shift]キーを押しつつドラッグし、[Alt]キーをワンクリックしながらカーブを描く

▶図7 メッシュを寄せることができた

4 ▸ 靴底の形にマスクをかけて境界線をシャープにする

[MaskLasso]を選択して、靴底の形にマスクをかけ、[Ctrl]キーを押しつつ、マスクをクリックして境界線をシャープにします（図8、9、10）。

▲図8
[MaskLasso]

▲図9 靴底の形にマスクをかける

◀図10 [Ctrl]キーを押しつつマスクをクリックして境界線をシャープにする

5 ▸ マスク部分を別ポリグループ化する

[Tool]→[Polygroups]→[Group Masked Clear Mask]（ショートカット：[Ctrl]＋[W]キー）をクリックしてマスク部分を別ポリグループ化します（図11）。

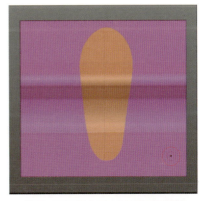

◀図11 [Group Masked Clear Mask]をクリックしてマスク部分を別ポリグループ化する

6 ▸ 靴底以外を隠す

[SelectRect]を選択して、[Ctrl]＋[Shift]キーを押しつつ、靴底をクリックし、靴底以外を隠します（図12）。

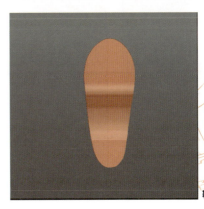

◀図12 [SelectRect]で靴底のみを表示する

7 ▶ 隠しているポリゴンを消去する

[Tool]→[Geometry]→[Del Lower]で下のSDivを削除したら、[Tool]→[Geometry]→[Modify Topology]→[Del Hidden]をクリックして隠しているポリゴンを消去します（図13）。

◀図13 [Del Hidden]をクリックして隠したポリゴンを消去する

8 ▶ メッシュ化する

[Tool]→[SubTool]→[Extract]で、[S Smt][0]、[Thick][0.0001]、[Double]をoffに設定して、[Extract]→[Accept]の順にクリックし、メッシュ化します（図14）。

▲図14 [Extract]→[Accept]の順にクリックしてメッシュ化する

> **point 厚みについて**
> ここで一気に厚みをつけようとすると形状が崩れやすいので極力薄い厚みにします。

9 ▶ 位置を調整して山型に変形させる

メッシュ化したら、[SelectRect]を選択して、[Ctrl]＋[Shift]キーを押しつつクリックして、片面を表示します。表示している片面にマスクをかけたら、[Ctrl]＋[Shift]キーを押しつつ空間クリックで全表示させます（図15）。トランスポーズの[Move]で下側に1mmほど下げます（図16）。
次に、トランスポーズの[Move]で、[Alt]キーを押しつつ真ん中の丸をドラッグすると山型に変形させることができるので少しひっぱって厚みを均等にします（図17）。

▲図15 [SelectRect]を使い、片側だけマスクをかける

▲図16 トランスポーズを使い厚みをつける

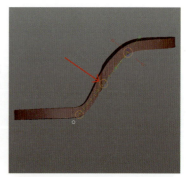

▲図17 トランスポーズのMoveで、[Alt]キーを押しつつドラッグする

40 ヒールを作る

靴底を作っていきます。

1 ▶ ヒールを作る

[SubTool]をアクティブにして、別のオブジェクトを1つ複製して選択します。[Tool]→[Import]をクリックして、本書サンプルの10mmキューブを読み込みます。10mmキューブをトランスポーズの[Move]で調整して、上面・下面・側面1つ（緑色の部分）のそれぞれの面に[Crease]をかけます（図1）。

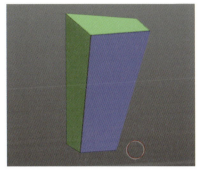

◀図1 緑色部分に[Crease]をかける

2 ▶ ラインの微調整をする

[Tool]→[Geometry]→[Divide]をクリックしてSDivを上げつつ、マスクを使い、トランスポーズの[Move]でラインの微調整をします（図2、3）。

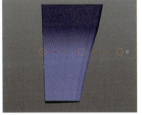 

▲図2 トランスポーズで幅を調整　▲図3 靴底部分の全体

3 ▶ 靴部分のポリグループを分ける

全体を[Tool]→[SubTool]→[Duplicate]をクリックして複製します。[Tool]→[Polygroups]→[GroupVisible]で全体を1度ポリグループにします。靴として使う部分を[SelectLasso]で選択して、[Tool]→[Polygroups]→[GroupVisible]をクリックして別のポリグループにします（図4）。

◀図4 靴部分をポリグループ化する

4 ▶ ポリグループごとに別のオブジェクトに分ける

[Tool]→[SubTool]→[Split]→[Groups Split]をクリックすると、ポリグループごとに別のオブジェクトに分けられます（図5、6）。

▲図5 [Groups Split]をクリックして別のオブジェクトに分ける

▶図6 別のオブジェクトに分離された

41 トゥ・キャップを作る

トゥ・キャップを作ります。

1 ▶ トゥ・キャップ部分を整える

靴底を表示させておいて、Moveブラシでトゥ・キャップ部分を整えます(図1)。

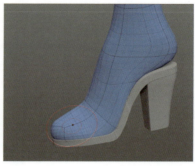

◀図1 Moveブラシで整える

2 ▶ トゥ・キャップ部分にマスクをかける

[MaskCurve]を選択して、トゥ・キャップ部分にマスクをかけます(図2、3)。

▲図2 [MaskCurve]

▲図3 トゥ・キャップ部分をマスクをかける

3 ▶ メッシュ化してブラシで整える

[Tool]→[SubTool]→[Extract]で、[S Smt][0]、[Thick][0.002]、[Double]をoffに設定して、[Extract]→[Accept]の順にクリックし、メッシュ化します。Moveブラシで靴底に合わせて整えます(図4、5)。

▶図4 [Extract]でマスク部分に厚みをつけてメッシュ化する

◀図5 Moveブラシで整える

42 ブーツ本体の ディテールを作る

ブーツ本体のディテールを作っていきます。

1 ▶ ブーツにシワを追加する

Moveブラシで形を整え、sk_Clothブラシでシワを追加します（図1）。

◀図1 sk_Clothブラシでシワを追加する

2 ▶ 靴の表面に段差をつける

[MaskCurve]を使って、元絵を見ながら靴の段差部分にマスクをかけます（図2）。
[Ctrl]キーを押しつつ空間をクリックして、マスクの反転をしたら、Moveブラシで引っ張って0.7mmほど段差をつけます（図3、4）。

▲図2 [MaskCurve]でマスクかける　▲図3 マスクを反転する　▲図4 Moveブラシで引っぱる

3 ▶ ブーツの履き口を作る

SDivが残っている場合は[Tool]→[Geometry]→[Del Lower]をクリックしてSDivを消します。
[SelectLasso]を選択して、いらない部分を隠して[Tool]→[Geometry]→[Modify Topology]→[Del Hidden]をクリックして削除します（図5、6）。[Tool]→[Geometry]→[Modify Topology]→[Close Holes]をクリックして穴を塞ぎます（図7）。

  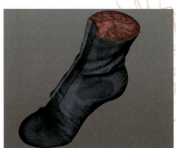

▲図5 いらない部分を削除する　▲図6 [Del Hidden]をクリックして隠した部分を削除する　▲図7 蓋は別グループになる

4 ▶ ブーツの履き口の内側をへこませる

[SelectRect]を選択して蓋を隠し、靴にマスクをかけた後に全表示をして、図8のようにします。

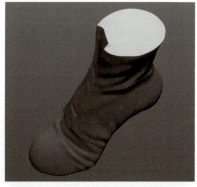

◀図8 外側にマスクをかける

5 ▶ 蓋を縮小させる

トランスポーズの[Scale]で蓋の中心に向かって1.5mmほど縮小します(図9)。

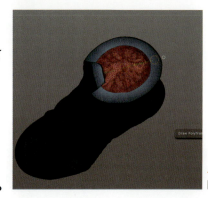

◀図9 トランスポーズ[Scale]で縮小する

6 ▶ 側面を作る

[SelectRect]で縮小した部分以外を非表示にし、トランスポーズの[Move]で下方向に2mmほど沈めたら、[Tool]→[Geometry]→[Edge Loop]→[Edge Loop]をクリックして側面を作ります(図10、11)。

▲図10 蓋部分のみを表示する

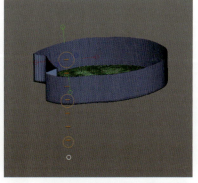

▲図11 [EdgeLoop]をクリックして側面を追加する

7 ▶ DynaMesh化する

このままでは履き口がうまくならせないのでDynaMesh化します。
全表示にして、[Tool]→[Geometry]→[DynaMesh]で[Blur][0]、[Resolution][2048]に設定して、[DynaMesh]をクリックします（図12、13、14）。

◀図12 全表示する

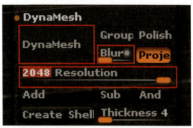

◀図13 ［DynaMesh］の設定

◀図14 ［DynaMesh］化する

8 ▶ 角を丸める

Polishブラシ、smoothブラシで角を丸めて整えます（図15）。

◀図15 Polishブラシ、smoothブラシで整える

43 靴本体のタンの部分を作る

靴本体のタンの部分を作ります。

1 ▶ タン部分を作る

[SubTool]をアクティブにして、別のオブジェクトを1つ複製して選択します。[Tool]→[Import]をクリックして、本書サンプルの10mmキューブを読み込み、[Tool]→[Geometry]→[Crease]→[CreaseAll]をクリックして、すべての面に[Crease]をかけます（図1、2）。

▲図1 10mmキューブを読み込む

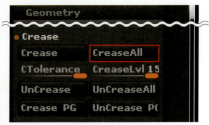
▲図2 [CreaseAll]をクリック

2 ▶ トランスポーズの[Rotate]を使い徐々に曲げる

部分的にマスクをしてトランスポーズの[Rotate]を使い徐々に曲げていきます（図3、4）。

▲図3 トランスポーズの[Move]と[Rotate]で変形させる

▲図4 マスクをかけて曲げる

3 ▶ シワをつけて形を整える

次に、sk_Clothブラシでシワをつけ、Moveブラシで形を整えます(図5)。
厚みは最低1.2mmを確保してください。

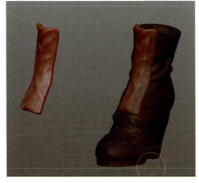

◀図5 シワを追加して整える

4 ▶ 靴紐を作る

[SubTool]をアクティブにして、別のオブジェクトを1つ複製して選択します。[Tool]→[Import]をクリックして、本書サンプルの10mmキューブを読み込みます。[Tool]→[Geometry]→[Crease]→[CreaseAll]をクリックして[Crease]をかけて、トランスポーズの[Move]でサイズを調整します(図6)。幅は最低1.2mmほどを確保してください。

◀図6 トランスポーズでサイズ調整する

5 ▶ 真ん中を山型にする

トランスポーズの[Move]を選択して、[Alt]キーを押しつつ、真ん中の丸を移動して山型にします(図7)。

◀図7 [Alt]キーを押しつつ真ん中の丸を移動する

6 ▶ 斜めに変形させて形を整える

[Tool]→[Geometry]→[Divide]をクリックしてSDivを上げつつ、トランスポーズの[Move]で斜めに変形させて配置し、Moveブラシで微調整します(図8)。

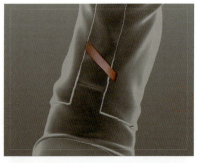

◀図8 斜めに変形させて配置する

7 ▶ 別の紐部分も同様に作る

[Tool]→[SubTool]→[Duplicate]をクリックして複製し、別の紐部分も同様にして作っていきます(図9)。
　この時気を付けることは、靴紐だからといって紐の厚みを薄くしないことです。靴紐の下に空間ができていると、量産品の原型として利用できません。

◀図9 全部を配置した図

8 ▶ [SubTool]内で別のオブジェクトにして位置を調整する

靴本体部分ができあがったら、[Tool]→[SubTool]→[Merge]→[MergeDown]をクリックして、同じオブジェクトにマージします。
[Tool]→[SubTool]→[Duplicate]をクリックします。次に、[Tool]→[Deformation]→[Mirror][X]に設定して反転させてから、トランスポーズの[Move]で右足の位置へ移動させます(図10、11)。

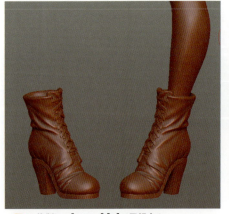

▲図10 複製して[Mirror][X]で反転する

▲図11 トランスポーズの[Move]で位置を調整する

44 靴を微調整する

靴を微調整します。

1▶ ブラーをかけてぼかす

[MaskLasso]を選択してマスクをかけ、その後ブラーをかけてぼかします（図1、2）。

▲図1 [MaskLasso]

▲図2 マスクをかけて、ブラーをかける

2▶ つま先を曲げる

トランスポーズの[Rotate]でつま先を曲げます（図3）。ブラーのかけ具合で曲がり加減も変わってきますから、何度か試してみてください。

◀図3 トランスポーズの[Rotate]で曲げる

3▶ 足首を曲げる

右足首は伸ばしている状態なので、つま先と同様に加工して足首を曲げて伸ばします（図4）。

◀図4 足首も少し曲げる

4▶ 靴全体を調整する

バランスを見ながら靴全体を調整します。
特に体に当たっている部分がある場合は、Moveブラシで靴を体にめり込まないように自然な形に曲げて調整します（図5）。

◀図5 バランスを見つつ位置を調整する

45 靴紐のリボン部分を作る

靴紐のリボン部分を作ります。

1 ▶ 靴紐のリボン部分を作る

ZSphereのクラシックモードで、靴紐の形を作ります（図1）。
リボン部分と紐部分は、別のZSphereにするので、4パーツ必要です。
大きさは、おおよそ1.2mm幅にしておきます。

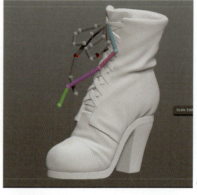

◀図1 ZSphereで靴紐のリボン部分を作る

2 ▶ 縦横の比率を変える

靴紐は平たいので縦横の比率を変えていきます。
[Tool]→[Adaptive Skin]→[Make Adaptive Skin]をクリックしてメッシュ化したら、SDiv1にします（図2）。

◀図2 メッシュ化してSDiv1にする

> **memo 薄いパーツについて**
>
> 靴紐を実際の紐のスケールダウンしたように非常に薄く作られる方がいます。
> しかし、0.2mmの厚みがあれば立体出力はできますが、表面処理が困難ですし、量産できません。
> 量産品では最低1mmほど肉厚が必要ですので、薄いパーツでも厚みをつけて、それをいかに薄く見せるかという工夫が必要です。

3 ▶ 縦側面のメッシュを非表示にする

[SelectLasso]を選択して、縦側面のメッシュ線をクリックして非表示にします(図3)。

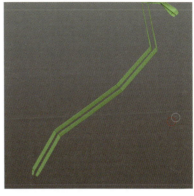

◀図3 メッシュ線をクリックして非表示にする

4 ▶ [Crease]をかける

[Tool]→[Deformation]→[Inflate][2]に設定して横方向に膨らませたら、[Tool]→[Geometry]→[Crease]→[Crease]をクリックします(図4)。次に、[SelectLasso]で一番端の面を表示して[Crease]をかけます。

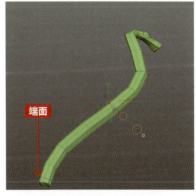

◀図4 [Inflate][2]に設定して横に膨らませる

5 ▶ 全体をなだらかにする

[Tool]→[Geometry]→[Divide]を数回クリックすると、全体がなだらかになります(図5)。
残りのパーツも同様に行ってください。

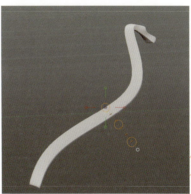

◀図5 [Divide]をクリックする

46 結び目を作る

靴紐の結び目部分を作ります。

1 ▶ 10mmキューブを読み込む

[SubTool]をアクティブにして、別のオブジェクトを1つ複製して選択します。[Tool]→[Import]をクリックして、本書サンプルの10mmキューブを読み込みます。10mmキューブを加工して、結び目を作っていきます(図1)。

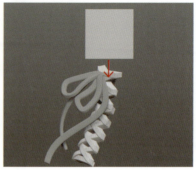

◀図1 10mmキューブから結び目を作る

2 ▶ 右側面と左側面に[Crease]をかける

[SelectLasso]で右側面を表示して、[Tool]→[Geometry]→[Crease]→[Crease]をクリックして[Crease]をかけ、左側面にも[Crease]をかけます(図2、3)。

▶図2 左右の側面に[Crease]をかける

▲図3 [Crease]をクリック

3 ▶ 縦楕円にして形を整える

[Tool]→[Geometry]→[Divide]をクリックして、分割数を上げつつ、トランスポーズの[Move]で縦楕円にしたら、大きさと位置を調整します(図4、5、6)。

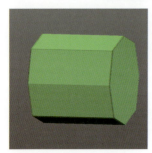

▲図4 [Divide]をクリックする

▲図5 トランスポーズの[Move]で縦長にする

◀図6 トランスポーズの[Move]で大きさと位置を調整する

4 ▶ ブラシで形を整える

Moveブラシとsk_Clothブラシで、形を整えます（図7）。

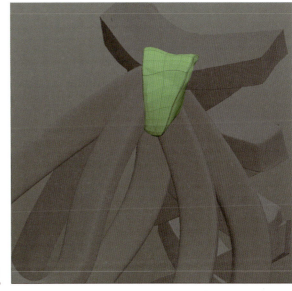

▶ 図7 Moveブラシ、sk_Clothブラシで形を整える

5 ▶ シワを追加する

sk_Clothブラシを使って、シワを入れます（図8）。

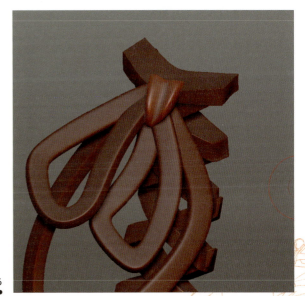

▶ 図8 sk_Clothブラシでシワを追加する

47 左右の靴パーツを作る

左右の靴パーツを作ります。

1 ▶ 全体を確認する

靴の結び目まで作成した全体を確認します(図1)。

◀図1　靴パーツ全体

2 ▶ 反転してなびき方を調整する

靴紐のリボンを[Tool]→[SubTool]→[Merge]→[MergeDown]で同じ[SubTool]のオブジェクトにマージしたら、[Tool]→[SubTool]→[Duplicate]をクリックして複製します。[Tool]→[Deformation]→[Mirror][X]に設定して反転します。
右足用にMoveブラシとトランスポーズの[Move]でなびき方を調整します(図2、3)。

◀図2　複製してミラー反転する

◀図3　左右の靴パーツ

48 ニーソの紐部分を作る

ここで靴紐のZSphereを利用してニーソの紐部分を作ります。

1 ▶ ZSphereを複製して移動させる

靴紐の時に使用したZSphereを、[Tool]→[SubTool]→[Duplicate]をクリックして複製します。次に、トランスポーズの[Move]で、[Alt]キーを押しつつ親の横をクリック&ドラッグして、まるごと移動させます（図1、2）。

◀図1 [Move]にする

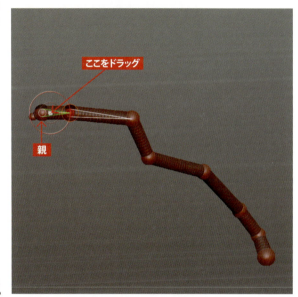

▶図2 [Alt]キーを押しつつ親の横をクリック&ドラッグで移動する

2 ▶ メッシュ化して滑らかに仕上げる

ZSphereをイラストに合わせて配置したら[Tool]→[Adaptive Skin]→[Make Adaptive Skin]をクリックしてメッシュ化します。
次に、[Tool]→[Geometry]→[Divide]をクリックしてSdivを上げて滑らかにします。
丸い部分はプリミティブの球体を配置しました。
結び目は球体を複製してsk_Slashブラシでシワを掘り込みます（図3）。これを紐の本数分制作します。

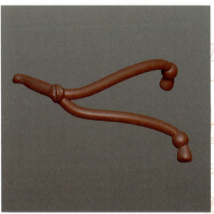

◀図3 紐の本数分、制作する

49 上着の元を作る

上着の元となる部分を作ります。

1 ▶ 上着として利用する部分を分離する

靴の時と同様に、[SelectLasso]で上着として使う部分を選択して、別ポリグループにした後に、[Tool]→[SubTool]→[Groups Split]をクリックして別のオブジェクトに分離させます(図1、2、3、4)。

▲図1 SDiv1にして、上着部分をポリグループ化する

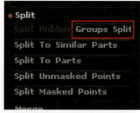

▲図2 [Groups Split]をクリックして分離する

▲図3 メッセージが出た場合は[OK]をクリック

▲図4 分離された

2 ▶ 形を整えてシワを追加する

Inflatブラシで膨らませつつ、Moveブラシで形を整えたら、sk_Clothブラシ、sk_Slashブラシを使って、シワを追加します(図5、6、7)。

▲図5 InflatブラシとMoveブラシで形を整える

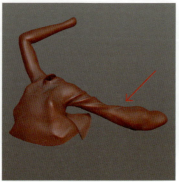

▲図6 左袖にシワを追加する

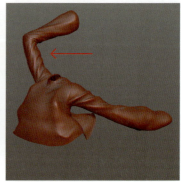

▲図7 右袖にシワを追加する

3 ▶ 上着の必要な部分を切り分ける

[Tool]→[Geometry]→[Del Lower]をクリックしてSDivを削除します。[SelectLasso]を使って、上着に必要な部分のみを表示させたら、[Tool]→[Polygroups]→[GroupVisible]をクリックしてグループ化します（図8）。

隠していた部分もすべて表示させたら、[Tool]→[SubTool]→[Groups Split]をクリックして別のオブジェクトに分離します（図9、10）。

> **memo** 切り取ってしまう作り方
> 端がよれないように、蓋は追加せずに、メッシュの端を長めに作っておき最後に切り取ってしまう作り方をします。

> **memo** パーツをポリグループに分けて切り取る方法
> ・SDivを消してグループ分けをし、必要な部分のみを表示して[Del Hidden]をクリックして隠している部分を削除する方法
> 　SDivが残らないので、モデリングが終わってから行う。
>
> ・グループ分けした後に[Groups Split]をクリックして別のオブジェクトに分ける方法
> 　SDivを残したい時に使用する。一番低いSDivでの分割になる。この利点はSDivが残っているため、モデリングをさらに行う場合に適している。

▲図8 グループを分ける

▲図9 [Groups Split]をクリックして分離する

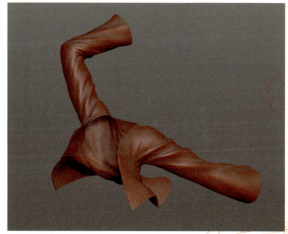

▲図10 上着パーツ

50 上着の襟を作る

上着の襟を作ります。

1 ▶ 襟の部分を切り出す

切り分けた上着を使いますが、そのままでは襟周りの密度が足りなくて荒いため、必要な部分のみ切り出します。[Tool]→[SubTool]→[Duplicate]をクリックして上着を複製したら、[Tool]→[Geometry]→[Del Lower]をクリックしてSDivを削除します。[SelectLasso]を選択して[Ctrl]＋[Shift]＋[Alt]キーで必要のない部分を隠します（図1）。

▲図1 [SelectLasso]で必要のない部分を隠す

2 ▶ マスクをかけて境界線をシャープにする

[Tool]→[Geometry]→[Divide]を1回クリックして密度を上げたら、[MaskLasso]で襟になる部分にマスクをかけて、[Ctrl]＋[Alt]キーを押しつつ、マスクをクリックして境界線をシャープにします（図2、3、4）。

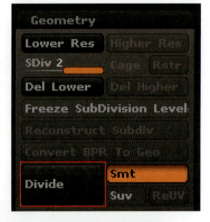

▶図2 [Divide]をクリック

▲図3 [MaskLasso]でマスクをする

▲図4 [Ctrl]＋[Alt]キーを押しつつマウスでマスクをクリックしてシャープにする

3 ▶ 厚みをつけてメッシュ化する

マスクに対して厚みをつけてメッシュ化します。[Tool]→[SubTool]→[Extract]で、[S Smt][0]、[Thick][0.005]、[Double]をoffに設定して[Extract]→[Accept]の順にクリックし、メッシュ化します（図5、6、7）。

▲図5 [Extract]の設定

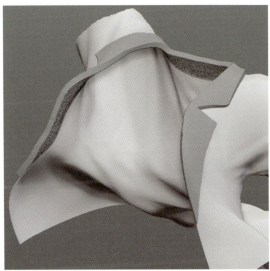
▲図6 厚みがついてメッシュができた

▲図7 襟部分の調整

4 ▶ 位置の微調整を行う

Moveブラシで位置の微調整を行います。端の部分は[ClipCurve]で調整するとシャープになります（図8、9）。

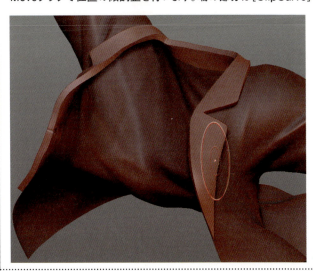
◀図8 Moveブラシで位置の微調整をする

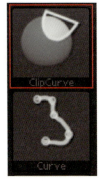
◀図9 [ClipCurve]で端の部分を調整する

51 袖のフリルを作る

袖のフリルを作ります。

1 ▶ 円柱を作成してメッシュ化する

袖のフリルをシリンダーから作ります。
プリミティブの[3D Meshes]→[Cylinder3D]（円柱）を選択して、画面に出します。
[Tool]→[Initialize]で[HDivide][10]、[VDivide][4]に設定して、[Tool]→[Make PolyMesh3D]をクリックし、メッシュ化します（図1、2）。

▲図1 [Cylinder3D]を読み込む

▶図2 [Initialize]の設定

2 ▶ 上面部分を表示して [Crease]をかける

[ClipCurve]で上面部分のみ表示させて、[Tool]→[Geometry]→[Crease]→[Crease]をクリックして[Crease]をかけます（図3）。

▶図3 上面に[Crease]をかける

3 ▶ 上部分にマスクをかけて 下部分を小さくする

上部分にマスクをかけて、[Tool]→[Deformation]→[Size][X][Y]に設定して、スライダーを適当にマイナスに設定し、下部分を少し小さくします（図4）。

▶図4 下部分を少し小さくする

4 ▶ 分割して密度を上げる

[Tool]→[Geometry]→[Divide]を6回クリックして、SDiv7まで上げます。なお[Smt]はonのままです（図5）。

▶ 図5 [Divide]をクリックしてSDivを上げる

5 ▶ ラジアルシンメトリーにする

[Activate Symmetry][Z]をonに、[RadialCount][10]に設定して、ラジアルシンメトリーにします（図6、7）。

> **memo** ラジアル（放射状）シンメトリー
> ラジアルシンメトリーを使うと中心軸に対して放射状にシンメトリー効果をかけることが可能になります。

▲ 図6 [Activate Symmetry]の設定

▲ 図7 ラジアルシンメトリーにした状態

6 ▶ フリルの形状を作って広がり具合を調整する

SDivを上下しつつ、Standardブラシ、sk_Clothブラシでフリル形状を作り、Moveブラシで広がり具合を調整します（図8、9、10）。

▲ 図8 Standardブラシでざっくり盛り上げる

▲ 図9 sk_Clothブラシで溝を掘る

▲ 図10 [Move]で広がりを調整する

7 ▶ 袖口に納まるよう調整する

トランスポーズの[Move]で袖の位置に持っていき、Moveブラシで袖口に収まるように調整します（図11、12）。

▶図11 トランスポーズの[Move]で位置調整

▲図12 Moveブラシで袖口に合わせる

8 ▶ ランダムに加工する

そのままだとパターンになりがちなので、Moveブラシで1つずつランダムに加工しておきます（図13）。

▲図13 Moveブラシでランダムにする

9 ▶ 厚みをつけてメッシュ化する

[SelectLasso]で必要な部分のみを表示させたら、[Tool]→[SubTool]→[Extract]で、[S Smt][5]、[Thick][0.02]、[Double]をonに設定し、[Extract]→[Accept]の順にクリックしてメッシュ化します（図14、15、16）。

▶図14 [SelectLasso]で蓋を削除

▶図15 [Extract]の設定

▲図16 厚みをつけてメッシュ化

> **memo** 厚みづけについて
>
> スカート等のヒラヒラしているモデルを[Extract]で一気に厚みをつけてしまおうとすると、折り返し部分のメッシュがめり込んでうまくいかないことがあります（図17）。そういう場合は、厚みを薄く設定してメッシュ化し、Moveブラシで内側に引っ張っていくほうが綺麗にできます。

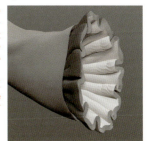

▶図17 [Extract]で厚みをつけすぎた例

10 ▶ 内側に引っ張る

外側部分にマスクをしたら、[DrawSize]を大きくしたMoveブラシで少しずつ内側に引っ張ります（図18）。ぼこぼこしていたらSmoothブラシでならしてください。
この時のコツは、ヒラヒラの折り返し部分にも厚みがきちんとあるようにすることです。

▲図18 Moveブラシで内側に引っ張る

11 ▶ 複製して調整する

ヒラヒラ部分を複製して、ミラー反転し、右袖に位置を合わせます（図19）。

▲図19 ミラー反転して右袖に位置を合わせる

52 襟を作る

インナーの襟部分を作ります。

1 ▶ 円柱を選択してメッシュ化する

プリミティブの[3D Meshes]→[Cylinder3D]（円柱）を選択して画面に出します（図1）。
[Tool]→[Initialize]で[HDivide][8]、[VDivide][4]に設定して、[Tool]→[Make PolyMesh3D]をクリックしてメッシュ化します（図2）。
メッシュ化したら作業しやすいように[Tool]→[Deformation]で[Rotate][X][90]に設定して、縦に回転させます。

▲図1 [Cylinder3D]を読み込む

▲図2 [Initialize]の設定

2 ▶ 上下面と手前の面に[Crease]をかける

[ClipCurve]で上面のみを表示させて、[Tool]→[Geometry]→[Crease]→[Crease]をクリックして[Crease]をかけます。
次に、同様にして下面部分と一番手前の1面にも[Crease]をかけます（図3）。
ついでに、後で隠す部分をグループ分けもしておきます。

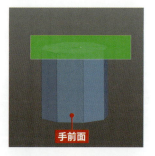

▶図3 上面・下面・手前の1面それぞれに[Crease]をかける

3 ▶ 襟の形を整える

ざっくりとした襟の形にMoveブラシで整えます（図4）。

▶図4 Moveブラシで整える

4 ▶ 分割する

[Tool]→[Geometry]→[Divide]をクリックして、SDivを上げつつ、形を整えます(図5)。

▶図5 [Divide]をクリック

5 ▶ 体に合わせて調整する

体に合わせて、Moveブラシで微調整をします(図6)。この段階でSDiv7、98000Pointsになっています。

▶図6 Moveブラシで体に合わせる

6 ▶ グループ化してメッシュ化する

[SelectRect]で水色のグループのみ表示させたら、[Tool]→[SubTool]→[Extract]で[S Smt][5]、[Thick][0.02]、[Double]をonに設定して、[Extract]→[Accept]の順にクリックしてメッシュ化します(図7、8)。

▲図7 [Extract]の設定

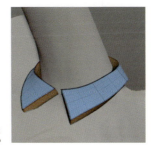

▶図8 厚みがついてメッシュができた

7 ▶ 襟元を寄せる

Moveブラシで襟元を寄せます(図9)。

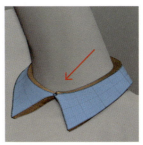

▲図9 Moveブラシで襟元を寄せる

53 スカーフの結び目を作る

スカーフの結び目を作ります。

1 ▶ 上下面に[Crease]をかける

[SubTool]をアクティブにして、別のオブジェクトを1つ複製して選択します。[Tool]→[Import]をクリックして、本書サンプルの10mmキューブを読み込みます(図1)。[SelectRect]で上面のみを表示させて[Tool]→[Geometry]→[Crease]→[Crease]をクリックして[Crease]をかけます。同様にして下面にも[Crease]をかけます(図2)。

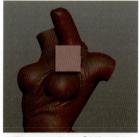
▲図1 10mmキューブを読み込む

▲図2 上面・下面に[Crease]をかける

2 ▶ 下側部分を縮める

上側にマスクをかけて、トランスポーズの[Move]で下側部分を縮めます(図3、4)。

▲図3 上側にマスクをかける

▲図4 トランスポーズの[Move]で縮める

3 ▶ 膨らみを作る

[Tool]→[Geometry]→[Divide]をクリックして[Divide]を数回かけつつ、Moveブラシで膨らみを調整します(図5、6、7)。

▲図5 [Divide]をかける

▲図6 Moveブラシで膨らみを調整する❶

▲図7 Moveブラシで膨らみを調整する❷

4 ▶ 位置を調整する

トランスポーズの[Scale]で縮小して、[Move]で位置を調整します(図8)。

▶図8 トランスポーズの[Scale]で縮小して[Move]で位置を合わせる

5 ▶ スカーフのヒラヒラ部分を作る

途中まではスカーフの結び目と同様にして作っていきます。
[SubTool]をアクティブにして、別のオブジェクトを1つ複製して選択します。[Tool]→[Import]をクリックして、本書サンプルの10mmキューブを読み込みます（図9）。
上面・下面に[Crease]をかけたら、トランスポーズの[Move]で下側を広げて、[Divide]をかけ、SDivを上げます（図10、11、12）。

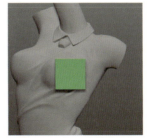
▲図9 10mmキューブを読み込む

▲図10 上側にマスクをかける

▲図11 トランスポーズの[Move]で広げる

▲図12 SDivを上げる

6 ▶ 波型を作る

[MaskLasso]で山型にマスクをかけたら、ブラーをかけ、トランスポーズの[Move]で移動させます。
1つ終わったら、ほかの部分も同じように波型にします（図13、14、15）。

▲図13 [MaskLasso]でマスクをかける

▲図14 トランスポーズの[Move]で移動する

▲図15 他の部分も同様に波型にする

7 ▶ ダイナメッシュ化する

[Tool]→[Geometry]→[DynaMesh]で、[Blur][0]、[Resolution][2048]に設定して、[DynaMesh]をクリックし、ダイナメッシュ化します（図16、17、18）。

▲図16 [DynaMesh]の設定

▲図17 [DynaMesh]を適用

▲図18 メッセージが出た場合は[NO]をクリックする

8 ▶ 面取りしつつならす

TrimDynamicブラシで面取りをしつつ、Smoothブラシでならします（図19、20、21）。

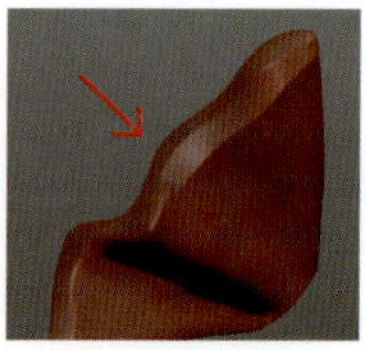

▲図20 面取りをする 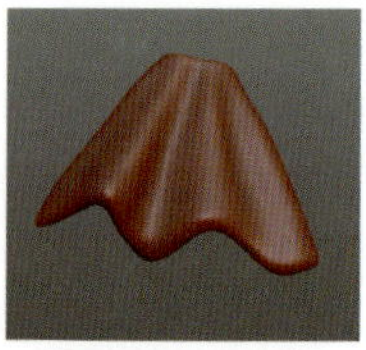　▲図21 Smoothブラシでならす

◀図19 TrimDynamicブラシ

9 ▶ 波型を調整する

Standardブラシとsk_Clothブラシで、波型を調整します（図22）。

▶図22 Standardブラシ、sk_Clothブラシで整える

10 ▶ 位置を調整する

トランスポーズの[Move]で体の位置に合わせる（図23）。

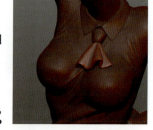

▶図23 トランスポーズの[Move]で位置を合わせる

11 ▶ ミラー反転して形を整える

今作ったスカーフを[Tool]→[SubTool]→[Duplicate]で複製したら、[Tool]→[Deformation]→[Mirror][X]に設定してミラー反転して配置します。
Moveブラシで形をランダムに変えたら、スカーフ部分のできあがりです（図24）。

▶図24 Moveブラシで形を変える

54 スカーフの中身を作る

ZSphereを使ってスカーフの内側部分を作ります。

1 ▶ スカーフの内側部分を作る

ZSphere（ノーマルモード）を呼び出して、「Y」の字型にします（図1、2）。

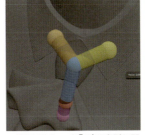
▲図1 ZSphereを「Y」の字型に配置

▲図2 ［A］キーを押してプレビューしたところ

2 ▶ メッシュ化して整える

［Tool］→［Adaptive Skin］→［Make Adaptive Skin］をクリックしてメッシュ化したら、［Tool］→［Geometry］→［Divide］をクリックしてSDivを上げつつ、Moveブラシで整えます（図3、4、5）。
見えていない部分はおおよそ5mm位まで作っておけばよいです。

▲図3 メッシュ化する

▲図4 Moveブラシで整える

▲図5 SDivを上げる

55 体全体のパーツを整える

体全体ができあがったら整えていきます。

1 ▶ 全体のバランスを見て整える

ここまでで体全体のパーツが揃いました。全体バランスを確認しつつ、気になるところがあったら修正していきます（図1、2）。

▲図1 体全体（正面）

▲図2 体全体（斜め後ろ）

CHAPTER 06

メカパーツの デジタル原型を作る

この章ではCGモデリングのハードサーフェス（メカ物）の
制作手法について解説します。

砲身を作る

シンメトリーを利用しますので、わかりやすい砲身から作っていきます。

1 ▶ キャラクター制作時と同様に下絵を配置する

ここではシンメトリー（対象）機能を多用するためリボルバーのシリンダー（弾倉）中心部分をY軸の真ん中になるように下絵を調整します（図1）。

▶図1 下絵を配置する

2 ▶ ハードサーフェスを作る

ハードサーフェスを作る場合は10mmキューブと円柱を多用することになります。
まずは砲身を作るためプリミティブの円柱を出します。ハードサーフェスの場合はスカルプト系のブラシはあまり使いません。これは、XYZ各軸方向にポイントを平行移動する際スカルプト系ブラシを使うと別の軸方向にずれたりしやすいからです。
［3D Meshes］から［Cylinder3D］（円柱）を選択し、［Tool］→［Initialize］で［HDivide］［16］、［VDivide］［4］に設定して［Make PolyMesh3D］をクリックします（図2、3、4）。

> **memo** ハードサーフェスとは
> ハードサーフェスとは、簡単に説明すると、無機質な形状（メカ物など）のモデリングのことを示します。

▲図2 ［3D Meshes］から円柱を選択する

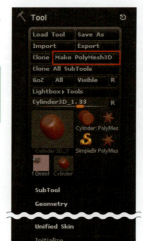

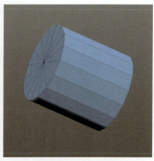

▲図4 画面に円柱を表示する

▶図3 ［Initialize］の設定

3 ▶ 大きさを調整する

下絵に対して円柱の方向と大きさが違うので調整します。
[Tool]→[Deformation]→[Rotate][X][90]に設定して回転し縦にします。
[Tool]→[Deformation]→[Size][X][Y][Z]でスライダーを移動して、銃身に合わせて縮小します（図5、6）。

▲図5 調整前

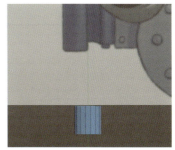
▲図6 調整後

4 ▶ ポリゴン密度を上げる

現状ではポリゴン密度が低いため[Tool][Geometry]→[Divide]を数回クリックして密度を上げます（図7）。
ただし、そのままでは全体にスムースがかかってエッジ部分も丸くなるため（図8）、上下面のみスムースがかからないようにする必要があります。

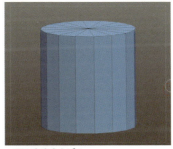
▲図7 密度を上げる

▲図8 エッジが丸くなる

5 ▶ 選択部分以外を隠す

一旦、[Ctrl]+[Z]キーで[Divide]をかける前に戻してください。[SelectRect]を選択して、[Ctrl]+[Shift]キーを押しつつドラッグし、円柱上面を囲むと（図9）、囲んだ部分以外が隠れます（図10）。

▲図9 円柱上面を囲む

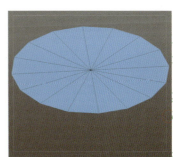
▲図10 選択部分以外を隠す

6 ▶ 上面に[Crease]をかける

[Tool]→[Geometry]→[Crease]→[Crease]をクリックします(図11)。
[Crease]をかけると[Divide]をかけてもスムースのかかり具合を(設定回数分)抑えることができます。
[Crease]がかかるとエッジの表示が実線と破線の二重になります(図12)。試しに、この状態で[Tool]→[Geometry]→[Divide]をクリックしてみます。
[Crease]をかけた上面とかけていない下面を見比べると、上面部分のエッジが残っているのがわかります(図13)。

▲図11 [Crease]をクリック

▲図12 [Crease]がかかると実線と破線の二重になる　▲図13 上面、下面の比較

7 ▶ 下面に[Crease]をかける

手順06へ戻って下面にも同様にして[Crease]をかけて、[Tool]→[Geometry]→[Divide]を5回クリックします(図14)。

▶図14 下面にもCreaseをかける

8 ▶ 砲身の長さを伸ばす

このままでは長さが足りないため伸ばしていきます(図15)。

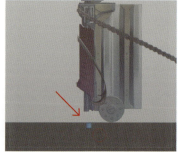

▶図15 砲身の長さを調整する

9 ▶ トランスポーズモードにする

トップシェルフにある[Move]をクリックすると、トランスポーズモードになります(図16)。

> **memo　Deformationについて**
> [Move]は[移動]、[Scale]は[拡大縮小]、[Rotate]は[回転]を意味します(図16)。

▶図16 トランスポーズのアイコン

10 ▶ 下絵に合わせて伸ばす

オブジェクトをクリックしながらドラッグするとマニピュレーターが出てきます（図17）。
始点を端に合わせて反対側を引っ張るとオブジェクトを伸ばせますので、下絵に合わせて伸ばします（図18、19）。
［Shift］キーを押しながら操作すると移動方向を固定できます。

  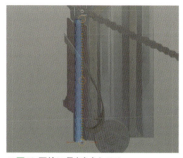

▲図17 マニピュレーターの表示　　▲図18 マニピュレーターの端をドラッグする　　▲図19 下絵に長さを合わせる

02 銃口を作る

01で作成した砲身に銃口のへこみを作成します。

1 ▶ 下面に銃身のへこみを作る

下面に銃身のへこみを作ります。
厚みの目安にするため、0.5mmのキューブを読み込み配置します（図1）。

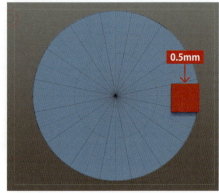

▲図1 0.5mmのキューブを厚みの目安にする

2 ▶ [SelectLasso]を選択する

［Ctrl］＋［Shift］キーを押しつつブラシサムネールをクリックし、［SelectLasso］を選択します（図2、3）。

▶図2 ［Ctrl］＋［Shift］キーを押しながらブラシサムネールをクリック

▲図3 ［SelectLasso］を選択する

3 ▶ ループ状に隠す

［Ctrl］＋［Shift］キーを押しつつ、メッシュ線をクリックするとループ状に隠れます（図4、5）。

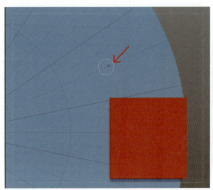

▲図4 メッシュ線の真上をうまくクリックする

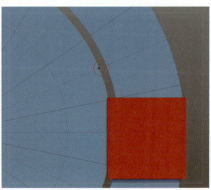

▲図5 メッシュ線をクリックした部分が隠れる

4 ▶ 別々のポリゴングループに割り当てる

[Tool]→[Polygroups]→[Auto Groups]をクリックして、つながっているポリゴンメッシュごとに別々のポリグループを割り当てます（図6、7）。

▶図6 ［Auto Groups］をクリック

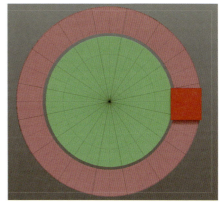

▲図7 赤色、緑色の2種類にグループ分けができた

5 ▶ [Crease]をかけて隠れている部分を表示する

そのままではへこみ部分を作った後にSDivを上げるとスムースがかかって丸くなってしまうため、[Crease]をかけて、抑制します。
[Tool]→[Geometry]→[Crease]→[Crease]をクリックします。すると[Crease]がかかり、隠れていた部分も表示されます（図8、9）。

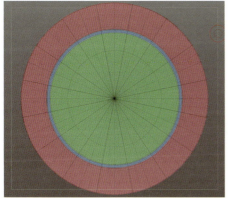

▲図8 ［Crease］をかける

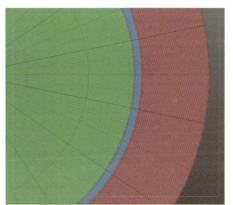

▲図9 隠れていた部分も表示されて3つのポリグループになる

6 ▶ [SelectRect]に戻す

[Ctrl]＋[Shift]キーを押しつつブラシサムネールをクリックし、[SelectRect]に戻します（図10）。

▲図10 ［SelectRect］に戻す

7 ▶ 赤色ポリグループ以外を隠す

［Ctrl］＋［Shift］キーを押しつつ赤色部分をクリックすると、赤色ポリグループ以外が隠されます（図11）。

▶図11 赤色ポリグループ以外が隠された

8 ▶ 全選択のマスクをかける

［Ctrl］キーを押しつつ画面空白部分をクリックすると、全選択のマスクをかけられます（図12、ショートカット：［Ctrl］＋［A］キー）。

▶図12 マスクをかける

9 ▶ 隠れている部分を表示する

［Ctrl］＋［Shift］キーを押しつつ、画面空白部分をクリックすると、隠れていた部分が表示されます（図13）。

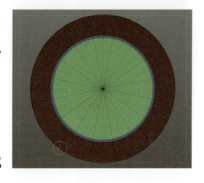

▶図13 全表示する

10 ▶ 銃口を押し込む

トランスポーズの［Move］を使い、銃口を押し込みます（図14、15）。

> **memo 押し込み**
> あまり深くすると生産都合上好ましくないので1.5〜3mm位にとどめてください。

 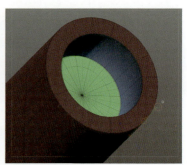

▲図14 へこませる前   ▲図15 へこませた後

11 ▶ 内側にいくにしたがい厚みができるように加工する

そのままでは薄い部分ができるので、後に量産しやすいように内側に行くにしたがって厚みができるように加工します（図16、17、18、19）。
[Tool]→[Deformation]→[Size][X][Z]でスライダーをマイナス方向にずらして、緑色の部分が少し小さくなるようにします（図18、19）。
終わったら、[Ctrl]キーを押しながら画面空白部分で四角を描くとマスクを解除できます（図20）。

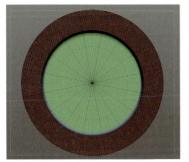
▲図16 調整前

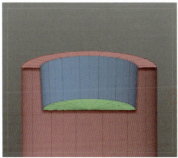
▲図17 調整前

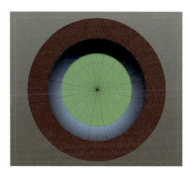
▲図18 調整後

▲図19 調整後

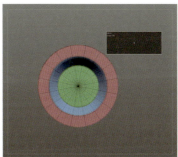
▲図20 マスクを解除する

12 ▶ 銃身の位置を移動する

銃身はシリンダー（弾倉）と中心位置が違うので、トランスポーズの[Move]を選択し、トランスポーズのバーの3つある丸の真ん中の白丸をドラッグして移動させます（図21、22）。

▲図21 Y軸と同位置にある

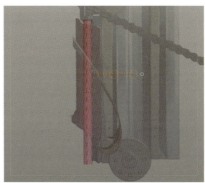
▲図22 下絵に合わせて移動する

03 銃のシリンダー(弾倉)部分を作る

銃のシリンダー部分を作成します。

1 ▶ 銃身を配置する

銃身の手順と同様に円柱に上下面に[Crease]をかけ、下絵のシリンダーの位置に配置します(図1)。ここでは、ポリゴンの密度が足りないので[Tool]→[Geometry]→[Divide]を7回クリックしています。

> **memo 隙間について**
> 下絵はシリンダー部分に隙間がありますが、フィギュアのスケールで再現すると隙間ができて別パーツにする必要が出てくるため、ここでは隙間を埋めて1体型にする作り方で解説します。

▲図1 銃身の配置

> **memo パーツ数をなるべく減らす**
> モデリング上、リアルに作ることは可能ですが、パーツ数が増えすぎてしまうと制作コスト(製造費+組み立て費)が上がるため、必然性がないものはなるべくパーツを一体化して少なくします。例えば、魚の鱗を全部別パーツにして、工場で製造して組み立てる手間を想像していただくとわかりやすいかと思います。

2 ▶ シリンダー部分のへこみを作る

[X]キーを押すと[Activate Symmetry]がonになりますが、ここではシリンダーに6発弾が入るので、へこみも6個施します(図2)。

▶図2 [X]キーを押した状態

3 ▶ ラジアル シンメトリーを利用する

[Transform]→[Activate Symmetry][Y][R]をonにして、[RadialCount][6]に設定します(図3、4)。

▶図3 [Activate Symmetry]の設定

▶図4 ブラシのポインタがY軸に対して6つになる

4 ブラシの動きを直線方向に制御する

Standardブラシを選択して、[Alt]キーを押しながらクリックし、離さずその状態から[Shift]キーを追加で押すと、直線方向に動きを制御できます(図5、6)。

▲図5 Standardブラシ

▲図6 シンメトリーを使い6ポイント同時にへこませる

5 シリンダー端部分の面取りをする

[Ctrl]キーを押しながら上面と下面以外の部分にマスクをかけます(図7)。[Tool]→[Deformation]→[Size][X][Z][-10]に設定して縮小すると、モデルの角が面取りしたようになります(図8、9)。

▲図7 上下面以外にマスクをかける

▲図8 [Size][X][Z]で縮小する

▲図9 端の部分が面取りされたようになる

04 銃とシリンダーの周りの部分を作る

銃とシリンダーの周りの部分を作成します。

1 ▶ 作成する部分の確認

銃・シリンダー周りの部分を制作します(図1)。

▶図1 銃・シリンダー周りの部分を制作

2 ▶ 10mmキューブを加工する

[SubTool]をアクティブにして、別のオブジェクトを1つ複製して選択します。[Tool]→[Import]をクリックして、本書サンプルの10mmキューブを読み込みます。[Tool]→[Geometry]→[Crease]→[CreaseAll]を一度クリックして[SliceCurve](図2)でポリゴンをスライスしつつ、ポリゴンポイントをトランスポーズの[Move]で移動させて(図3)、図4上のように作ります。次に、[ClipCurve](図5)でパーツが隠れる部分をざっくりと寄せておきます(図4下)。

▲図2 [SliceCurve]

▲図3 [SliceCurve]で切りつつトランスポーズの[Move]で移動する

▲図4 10mmキューブから加工していく

▲図5 [ClipCurve]

3 ▶ シリンダーが入る部分に穴を開ける

シリンダーが入る部分にブーリアンをして穴を開けます。
まず、穴を開けたい部分に抜き用の四角パーツを配置します(図6)。次に、[SubTool]のオブジェクトの順番を、銃パーツを上、抜きパーツを下にし丸マークを真ん中にします(図7)。
[Tool]→[SubTool]→[Merge]→[MergeDown]をクリックすると下のパーツと同じ[SubTool]内に配置されます(図8)。この状態ではまだブーリアンはされていません。[Tool]→[Geometry]→[DynaMesh]で[Bllur][0]、[Resolution][2048]、[Group]をonに設定し、[DynaMesh]をクリックすると差ブーリアンされます(図9、10)。
[DynaMesh]はonになっている間は、画面空間の[Ctrl]キー+ドラッグ(通常、マスクをかける操作)すると[DynaMesh]の更新に変化します。

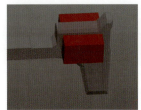

▲図6 抜き用のパーツを配置する。赤い四角がそれに当たる

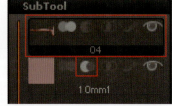

▲図7 [SubTool]のオブジェクトの順番を合わせる

▲図8 [MergeDown]をクリック

うまくブーリアンされない場合は画面空間で[Ctrl]キー+ドラッグして、[DynaMesh]の更新をしてみてください（図11）。

▲図9 [DynaMesh]をクリック

▲図10 差ブーリアンされた

▲図11 画面空間で[Ctrl]キー+ドラッグ

> **caution!** ブーリアン作業について
> 通常は、ブーリアン作業は3D-Coatで行ったほうがはるかに楽なのですが、ここではあえてZBrushでのブーリアンの仕方を解説します。

> **caution!** 作業上の注意点
> ・[DynaMesh]の更新をしたくない場合は[DynaMesh]をoffにしてください。
> ・丸マークを真ん中にして、DynaMesh化すると差の作用になります。
> ・[SubTool]内の順番は、抜かれるほうのパーツが上、抜きパーツは下でないといけません。
> ・[DynaMesh]は一部バグのような挙動でうまく効かないことがありますので、今後のアップデートを期待したいところです。

4 ▶ 細かいディテールパーツを作る

[SubTool]をアクティブにして、別のオブジェクトを1つ複製して選択します。[Tool]→[Import]をクリックして、本書サンプルの10mmキューブを読み込んだら、[CreaseAll]を一度クリックして、トランスポーズの[Move]で変形させて作ります。ポリゴンポイントが足りない場合は[SliceCurve]でポリゴンをスライスしつつ、ポリゴンポイントをトランスポーズの[Move]で移動させます（図12、13）。

図12、13のように色ごとに全部制作してください。メカパーツを作る際は基本的には[Divide]はしないで作ります。コツとしては、通常のポリゴンモデラーのように一体型で作ろうとせず、細かいパーツに分けて作っていくと楽です。

合わせて、プリミティブの[Cylinder3D]（円柱）からシリンダーの前のカバーと、銃先端のピンも作ります（図14）。

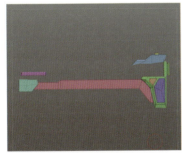

▲図12 周りのパーツも10mmキューブから作る

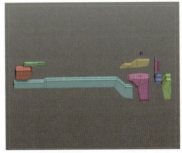

▲図13 展開した画像。パーツを細かい単位で見ると形状は単調なものから作られていることがわかる

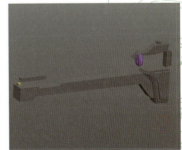

▲図14 プリミティブの[Cylinder3D]（円柱）から作る

銃上部の周り部分を作る

銃上部の周り部分を作成します。

1 ▶ 銃の上部周り制作

銃の上部周りの制作(図1)の流れはシリンダーの周りの作り方と同じです。
まず10mmキューブを加工していきます(図2上)。[SubTool]をアクティブにして、別のオブジェクトを1つ複製して選択します。[Tool]→[Import]をクリックして、本書サンプルの10mmキューブを読み込みます。[Tool]→[Geometry]→[Crease]で[CreaseAll]を一度クリックします。シリンダー周りの時と同様に[Ctrl]+[Shift]キーを押しながらブラシサムネールをクリックして、パレットを展開し[SliceCurve]を選択し、ポリゴンをスライスしつつ、ポリゴンポイントをトランスポーズの[Move]で移動させます(図2上)。
次に10mmキューブをトランスポーズの[Move]で変形させてスリット部分の抜き用パーツを制作し、配置します(図2下の赤色のパーツ)。

▲図1 作成するパーツの箇所

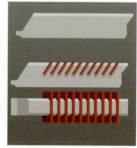

▲図2 上部パーツとスリット用抜きパーツ(赤色のパーツ)

2 ▶ 赤色のパーツを差ブーリアンにする

04の手順3を参考にして、赤色のパーツを差ブーリアンにします(図3)。

▶図3 白パーツから赤パーツを差ブーリアンしたもの

3 ▶ 10mmキューブを内側パーツとして配置する

[SubTool]をアクティブにして、別のオブジェクトを1つ複製して選択します。[Tool]→[Import]をクリックして、本書サンプルの10mmキューブを読み込みます。10mmキューブをトランスポーズの[Move]で変形させて内側のパーツとして配置をすると、スリット内部ができあがります(図4)。

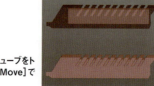

▶図4 10mmキューブをトランスポーズの[Move]で変形させる

4 ▶ フロントサイト を作る

他のパーツと同様に10mmキューブを読み込み、加工してフロントサイトを作ります(図5)。

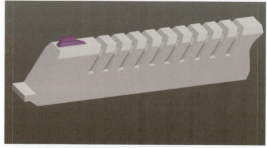

▲図5 10mmキューブからフロントサイトを作る

06 銃の背面部分を作る

銃の背面部分を作成します。

1 ▶ 円柱を六角形にして移動する

銃の背面部分を作ります。
プリミティブの円柱を選択し、[Tool]→[Initialize]で[HDivide][6]、[VDivide][4]に設定して、[Make PolyMesh3D]をクリックし、メッシュ化したら、下絵の位置へトランスポーズで移動させます（図1、2）。

▲図1 [HDivide][6]、[VDivide][4]に設定

▲図2 上部パーツとスリット用抜きパーツ（赤色のパーツ）。

2 ▶ 6面に[Crease]をかける

6角形のエッジが立っている取っ手になりますので6面すべてに[Crease]をかけます。
[Tool]→[Geometry]→[Crease]→[CreaseAll]をクリックすると、すべてのエッジに対して[Crease]がかかります（図3）。

▲図3 [CreaseAll]をかける

3 ▶ カーブを引いて切り込みを入れる

[Ctrl]+[Shift]キーを押しながらブラシサムネールをクリックして、パレットを展開し[SliceCurve]を選択します（図4）。[Ctrl]+[Shift]キーを押しながらドラッグしてカーブを引き、数箇所切れ込みを入れます（図5）。

▲図4 パレットを展開し[SliceCurve]を選択

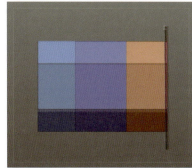
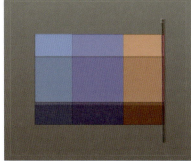

▶図5 切れ込みを入れる

4 ▶ 端の部分にマスクをかける

端の部分にマスクをかけ、トランスポーズの[Move]で、おおよその形で下絵に合わせます(図6)。

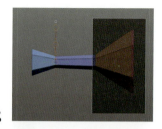

▶図6 トランスポーズの[Move]で縮める

5 ▶ 分割の効果を確認する

試しに[Tool]→[Geometry]で[Divide]を2回クリックします(図7、8)。
[Tool]→[Geometry]→[Crease]→[Crease]をクリックして[Crease]をかけた面は[Divide]をクリックしてもスムースがかからずエッジが残っています。
このようにハードサーフェイスは[Crease]をいかに使いこなすかが重要になります。

 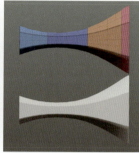

▲図7 [Divide]をクリックする前　▲図8 [Divide]を2回クリックした後

6 ▶ SDivを上げる

[Tool]→[Geometry]→[Divide]をクリックしてSDiv5まで上げます。ZBrushでは、SDivの上げ下げをショートカットキー(表1)で簡単にすることができます(図9、10)。

操作	ショートカットキー
SDivを上げる	[D]キー
SDivを下げる	[Shift]+[D]キー
[Divide]をかける	[Ctrl]+[D]キー

▲表1 ショートカットキー

 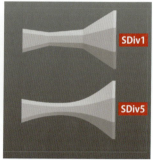

▲図9 SDivを上げ下げできる　▲図10 SDivの上げ下げの比較

7 ▶ 自由選択できるようにする

[Ctrl]キーを押しながらブラシサムネールをクリックし、[MaskLasso]を選択すると自由選択(投げ輪選択)できるようになります(図11、12)。

> **memo マスクの反転**
> マスクの反転は空間をクリックします。

▲図11 [MaskLasso]を選択　▲図12 [MaskLasso]

8 ▶ ポリゴンのポイントを移動する

SDivを上げ下げしながらマスクをかけ、トランスポーズの[Move]でポリゴンのポイントを移動させます。
なおハードサーフェイスの場合は、基本的にトランスポーズの[Move]を使うと、失敗することが少なく、綺麗にできます(図13)。

◀図13 SDivを3に設定してマスクをかけ、下のポイントを移動

9 ▶ 下部分にも[Crease]をかける

そのままSDivを上げると下側部分が丸くなってしまうため、下部分にも[Tool]→[Geometry]→[Crease]→[Crease]をクリックして[Crease]をかけます（図14）。

▶図14 そのままSDivを上げた場合

10 ▶ エッジを立てたい面に[Crease]をかける

同様に[Ctrl]+[Shift]キーを押しながら[SelectLasso]を選び、エッジを立てたい（スムースをかけたくない）面を表示させて[Tool]→[Geometry]→[Crease]→[Crease]をクリックして[Crease]をかけます（図15、16）。

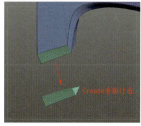 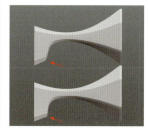

▲図15 [SelectLasso]で表示させて[Crease]をかける　　▲図16 [上はそのままSDivを上げたオブジェクト。下は[Crease]をかけてSDivを上げたオブジェクト

11 ▶ 下絵に近づける

[SliceCurve]、トランスポーズの各ツール、[MaskLasso]を使い形状を下絵に近づけていきます。ここは何度も試して理想の形状に近づけていってください（図17）。

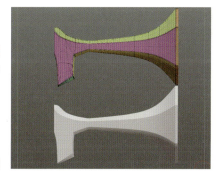

▶図17 トランスポーズの各ツールで微調整する

12 ▶ 球体および円柱の大きさを変えて移動する

プリミティブの[3D Meshes]から[Sphere3D]（球体）を選択して表示し、[Make PolyMesh3D]をクリックしてメッシュ化したら、[Tool]→[Deformation]→[Size][X][Y][Z]で大きさを変えて、トランスポーズの[Move]で移動します（図18の紫色のパーツ）。水色のパーツは、紫色のパーツを複製して大きさを変えたものです。水色のパーツは、[TrimCurve]で側面をカットします（図18、19）。
次に、プリミティブの円柱を選択し、同様にサイズと位置を調整します。（図20）。

▲図18 球体から作る　　▲図19 [TrimCurve]　　▲図20 円柱から作る

07 刃の部分を作る

刃部分を作成します。

1 ▶ 刃の部分を作る

[SubTool]をアクティブにして、別のオブジェクトを1つ複製して選択します。[Tool]→[Import]をクリックして、本書サンプルの10mmキューブを読み込んだら[Tool]→[Geometry][Smt]をoffにして、[Divide]を1回クリックします（図1、2）。

▲図1 10mmキューブを読み込む

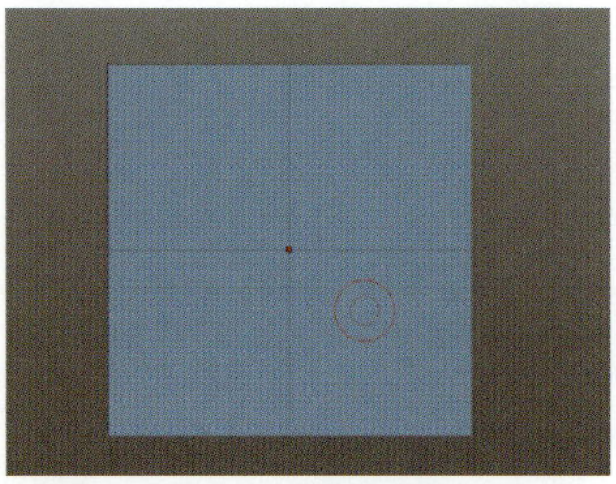

▲図2 [Smt]をoffにして[Divide]をクリック

2 ▶ マスクをする

[Ctrl]キーを押しつつドラッグして、両端にマスクをかけます（図3）。

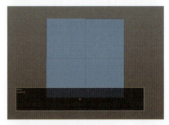
◀図3 両端にマスクをかける

3 ▶ 刃を尖らせる

[Tool]→[Deformation]→[Size][X]に設定してスライダーを動かし真ん中を左右に尖らせます（図4、5）。マスクを解除して、[Tool]→[Deformation]→[Size][Z]に設定してスライダーをマイナス方向に動かし、奥行きを縮めます（図6、7）。[Tool]→[Deformation]→[Size][Y]に設定してスライダーを動かし、上下に伸ばします（図8）。

▲図4 [Size][X]に設定

▶図5 [Size][X]に設定して左右に伸ばす

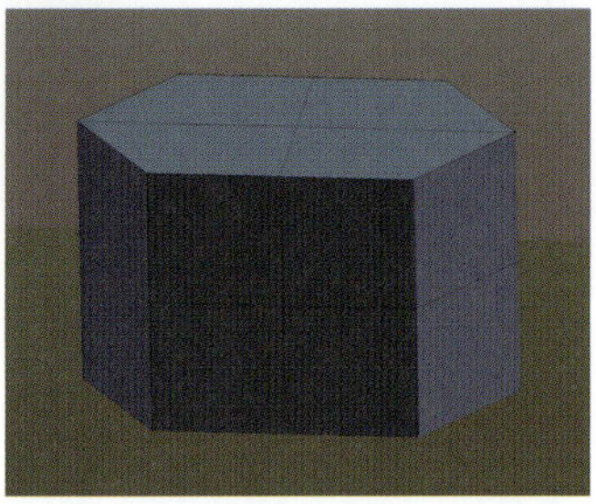

▲図6 [Size][Z]に設定

▲図7 [Size][Z]に設定して奥行きを縮める

4 ▶ [Crease]をすべての面にかける

[Tool]→[Geometry]→[Crease]→[CreaseAll]をクリックして全面に[Crease]をかけます（図8）。

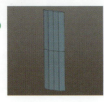
◀図8 [Size][Y]に設定して上下に伸ばす

5 ▶ 刃の留め具を作る

[SubTool]をアクティブにして、別のオブジェクトを1つ複製して選択します。[Tool]→[Import]をクリックし、10mmキューブを読み込んだら、[Tool]→[Geometry]→[Smt]をoffに設定して[Divide]を1回クリックし、トランスポーズの[Move]を使って、図9左のように形を作ります。
次に、[Divide]を1回クリックし、さらに図9右のように調整します。

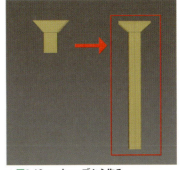
▲図9 10mmキューブから作る

6 ▶ シンメトリー化する

SDivが残っていますので、[Tool]→[Geometry]→[Del Lower]をクリックして削除します。
[Tool]→[Geometry]→[Modify Topology]→[Mirror And Weld][Y]に設定すると、軸に対して反対側にシンメトリー化されます(図10、11)。

▲図10 [Mirror And Weld][Y]に設定する

▲図11 シンメトリー化された

7 ▶ 金具の位置を調節してシンメトリー化する

留め具の出っ張り具合は0.5mmにしています(図12)。
[Tool]→[Deformation]→[Mirror][Z]に設定して、一旦反対側に反転します。
[Tool]→[Geometry]→[Modify Topology]→[Mirror And Weld][Z]に設定すると、軸に対して反対側にシンメトリー化されます(図13)。

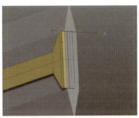
▲図12 0.5mmの出っ張り

▲図13 シンメトリー化された

8 ▶ 銃本体に入っている刃を作る

[Tool]→[SubTool]→[Duplicate]をクリックして刃のオブジェクトを複製します。[Ctrl]+[Shift]キーを押しながらブラシサムネールをクリックして、パレットを展開して[SelectRect]を選択し、[Ctrl]+[Shift]+[Alt]キーで半分を隠します。
[Tool]→[Geometry]→[Modify Topology]→[Del Hidden]をクリックして隠した部分を削除します(図14)。
[Tool]→[Geometry]→[Modify Topology]→[Close Holes]をクリックして面を閉じたら、トランスポーズの[Move]で位置を調整します(図15の緑色の部分)。

▲図14 複製して半分削除する

▲図15 2枚の刃の部分

08 引き金パーツを作る

引き金部分を作成します。

1 ▶ [ZSphere]で土台を作る

[3D Meshes]から[ZSphere]を呼び出して、ラフ型を作ります(図1、2)。

▲図1 [ZSphere]を選択

▲図2 [ZSphere]を配置する

2 ▶ スキン化する

[Tool]→[Adaptive Skin]→[Make Adaptive Skin]をクリックして、メッシュ化します(図3、4)。

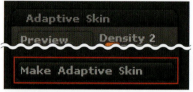

▲図3 [Make Adaptive Skin]をクリック

▲図4 メッシュ化する

3 ▶ Moveブラシで形を整える

[Tool]→[Geometry]→[Divide]をクリックしてSDivを上げつつMoveブラシで形を整えます(図5、6)。

◀図5 [Divide]をクリックしてMoveブラシで整える

▲図6 Moveブラシ

4 ▶ 引き金に付いているパーツを作る

[ZSphere]を呼び出してクラシックモードにし、図7のように作ります。赤いところが親になります。
[Tool]→[Adaptive Skin]→[Make Adaptive Skin]をクリックしてメッシュ化して、[Tool]→[Geometry]→[Divide]をクリックしてSDivを上げつつ、Moveブラシで整えます(図8)。

▲図7 [ZSphere]で形を作る

▲図8 メッシュ化してMoveブラシで整える

5 ▶ シャフトを作る

本物のシャフトは薄い部品ですが、造形上薄くする必要はないので厚みをつけて作ります。シャフトはプリミティブの[3D Meshes]から[Cylinder3D]（円柱）を呼び出し、蓋部分に[Tool]→[Geometry]→[Crease]→[Crease]をクリックして[Crease]をかけたら、[Divide]をクリックして、SDivを上げ、トランスポーズの[Scale]で大きさを、[Move]で位置を調整します（図9）。

◀図9 プリミティブの円柱から作る

6 ▶ [Flat Head]を選択する

ブラシサムネールから[IMM Ind. Parts]を選択します（図10）。[M]キーを押すとパネルが出てくるので、[Flat Head]を選択します（図11）。

▲図10 [IMM Ind. Parts]

▶図11 [Flat Head]を選択

7 ▶ IMMブラシを使う

円柱の中心部分から外側にドラッグをするとネジパーツが出てきます（図12）。

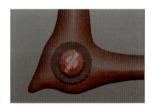
▶図12 中心からドラッグ

8 ▶ パーツを切り離す

[Tool]→[SubTool]→[Split]→[Split Masked Points]をクリックして、マスクをかけている部分とかけていない部分を[SubTool]内で別のオブジェクトに切り分けます（図13）。

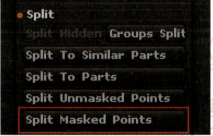
◀図13 [Split Masked Points]をクリックして切り分ける

9 ▶ なめらかにする

[Tool]→[Geometry]→[Divide]をクリックしてSDivを上げてなめらかにしたら、トランスポーズの[Move]でシャフトに少しめり込ませます（図14）。

▶図14 [Divide]をクリックしてなめらかにする

09 回転パーツを作る

回転パーツを作成します。

1 ▶ 円柱をメッシュ化する

プリミティブの[3D Meshes]から[Cylinder3D]（円柱）を選んで、[Tool]→[Initialize]で[HDivide][16]、[VDivide][4]に設定して、[Make PolyMesh3D]をクリックし、メッシュ化します（図1、2）。

▲図1 円柱を呼び出す

▲図2 [HDivide][16]、[VDivide][4]に設定

2 ▶ [Crease]をかける

[Ctrl]+[Shift]キーを押しながらブラシサムネールをクリックして、パレットを展開し[SelectRect]を選択して、手前の蓋面のみを表示させて、[Tool]→[Geometry]→[Crease]→[Crease]をクリックして[Crease]をかけます。同様に奥側の蓋面にも[Crease]をかけます。

3 ▶ 奥行きの幅を調整する

[Tool]→[Geometry]→[Divide]を数回クリックしてなだらかにしたら、[Tool]→[Deformation]→[Size][Z]に設定して奥行きの幅を縮めます（図3）。

▶図3 [Divide]を数回クリックした後に奥行きを縮める

4 ▶ パーツを複製して幅を半分にする

ここまで作ったパーツを[Tool]→[SubTool]→[Duplicate]をクリックして複製したら、幅を半分にしてトランスポーズの[Move]で手前に移動させます（図4の紫色の部分）。

▶図4 複製して位置を変える

5 ▶ 反対側にシンメトリー化する

[Tool]→[Geometry]→[Modify Topology]→[Mirror And Weld][Z]に設定してシンメトリーにします（図5）。

◀図5 [Mirror And Weld][Z]に設定してシンメトリーにする

6 ▶ シャフトパーツを作る

黄色のパーツを複製して、[Tool]→[Deformation]→[Size][X][Y][Z]を、それぞれ1回り径を小さく調整します。トランスポーズの[Move]で幅を調整して、シャフトパーツを作ります（図6）。

◀図6 シャフトパーツの作成

7 ▶ ネジの土台を作る

シャフトパーツを複製して、[Tool]→[Deformation]→[Size][X][Y][Z]を、それぞれ調整します。トランスポーズの[Move]で手前に移動して、ネジの土台を作ります（図7）。

◀図7 ネジの土台

8 ▶ ネジ部分を作る

ネジの土台を複製して、トランスポーズの[Move]で手前に移動させたら、[Ctrl]＋[Shift]キーを押しながらブラシサムネールをクリックして、パレットを展開し、[TrimCurve]を選択して、ネジの溝の部分でカットします（図8、9）。

▲図8 [TrimCurve]

▲図9 [TrimCurve]でカットする

9 ▶ シンメトリー化する

[Tool]→[Geometry]→[Modify Topology]→[Mirror And Weld][Y]に設定してシンメトリーにします（図10）。
[Tool]→[SubTool]→[Merge]→[MergeDown]をクリックしてネジの土台部分をマージします。
[Tool]→[Geometry]→[Modify Topology]→[Mirror And Weld][Z]に設定してシンメトリーにします（図11）。

▲図10 Y軸でシンメトリー化する

▲図11 Z軸でシンメトリー化する

10 ▶ パーツをマージしてスケールを合わせる

回転パーツ部分ができあがったのでスケールを調節します。[Tool]→[Deformation]→[Size][X][Y][Z]に設定して銃本体にスケールを合わせます(図12)。なおこの時、ワールド空間の中心軸からずれないようにしてください。

◀図12 [Size][X][Y][Z]でスケールを合わせる

11 ▶ リベット部分を作る

先ほど利用していた円柱パーツのどれでもよいのでそれを複製します。
トランスポーズの[Scale]で直径1mmまで縮小して、ネジから真上に配置します(図13)。

◀図13 円柱を直径1mmにする

12 ▶ 複製して回転させる

[Tool]→[SubTool]→[Duplicate]をクリックして複製して、[Tool]→[Deformation]→[Rotate][Z][45]に設定し、45度に角度を変えます(図14)。
残りも同様にして全パーツ分作ります。

▶図14 [Rotate][Z][45]で角度を変える

13 ▶ シンメトリーにする

[Tool]→[Geometry]→[Modify Topology]→[Mirror And Weld][Z]に設定してシンメトリーにします(図15、16)。

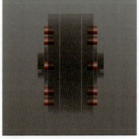 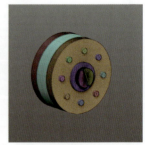

▲図15 シンメトリーにする　　▲図16 全体の画像

10 リベット部分を作る

リベット部分を作成します。

1 ▶ リベット部分を作る

下絵のデザイン的には0.1mmほどのリベットが付いていますが立体出力後の表面処理・複製を考慮して、直径1mmで出っ張り具合は0.7mmの円柱を作成します。

> **caution!** 細かいパーツについて
>
> 細かいパーツは生産を考えて最低限0.5〜0.8mmの大きさは確保しておかないと、製品化までの途中段階でディテールが崩れたり、最悪の場合ディテールがなくなったりすることもあるため注意が必要です。

2 ▶ 円柱を複製して配置する

09の手順11で作ったリベットをトランスポーズで直径1mmにして複製し、トランスポーズの[Move]で各所に配置してゆきます（図1）。さらに引き金のところで制作したネジパーツも複製してシリンダーの前辺りに配置します（図2）。

▲図1 リベットの配置

▲図2 ネジの配置

11 シリンダー部分の 隙間を埋める

シリンダー部分に隙間があるのですが、その部分はパーツが薄くなるので板で埋めます。

1 ▶ シリンダー部分の隙間を埋める

生産をしやすい様に無駄な隙間を埋めます（図1）。[SubTool]をアクティブにして、別のオブジェクトを1つ複製して選択します。[Tool]→[Import]をクリックして、本書サンプルの10mmキューブを読み込み、幅1mmの板にします。
シリンダー部分の隙間を埋めるように配置します（図2、3、4、5）。

▲図1 シリンダーと本体部分に隙間ができている

▲図2 肉厚1mmの板を間に挟む

▲図3 肉厚1mmの板を間に挟む

▲図4 赤い部分が隙間が埋まったところ

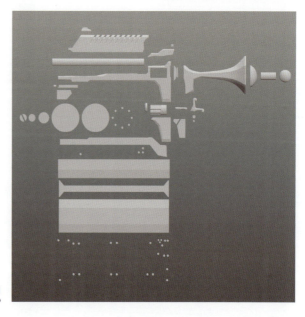

▶図5 パーツ全体図

12 デザイナーによる監修と修正

形状ができたらデザイナーに監修をしてもらい、指示に従って修正をします。

1 ▶ パーツの状態を確認する

ここまでの状態を確認します（図1）。
監修時にはなるべく定規を入れた画像を用意します。そうしないと、CG画像だけではリアルな大きさがわからず、量産では再現できないレベルの異様に細かい（0.1mmなどの）修正指示がきたりすることがあります。

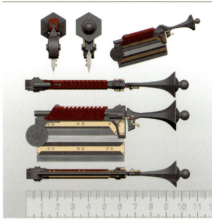

◀図1 ここまでの状態

2 ▶ 監修の修正

デザイナーによる監修の指示書が届きましたので修正をしていきます（図2）。

指示内容は以下の2点になります。

- 銃上部のスリットの溝を浅くする
- 銃の背面部の反りを少なくする

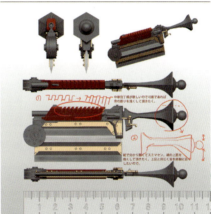

◀図2 デザイナーの監修指示

3 ▶ 銃上部のスリットの溝を浅くする

溝を1mmにしていたものを、スリットの中のパーツを上に0.5mmずらして終了です（図3）。

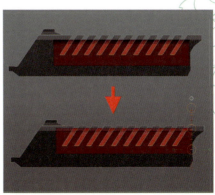

◀図3 スリットの中のパーツをずらす

4 ▶ 銃の背面部の反りを少なくする

SDivを下げて、右上部分にマスクをかけます（図4）。メッシュを固めてしまった作り方をしていると最初から作り直しになるのですが、図4のようにSDivを残していると修正が比較的容易になります。

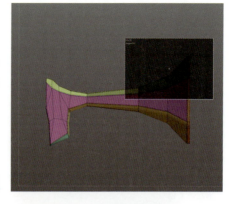

▶図4 マスクをかける

5 ▶ 反り部分を縮める

マスクを反転したらトランスポーズの［Move］で反り部分を縮めます（図5、6、7）。

◀図5 マスクを反転してトランスポーズの［Move］で縮める

◀図6 修正後

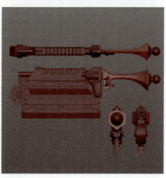

◀図7 監修による修正を反映したもの

13 おかもちを作る

おかもちは10mmキューブからほとんどのパーツが作れますので簡単に解説します。

1 ▶ おかもち本体を作る

[SubTool]をアクティブにして、別のオブジェクトを1つ複製して選択します。[Tool]→[Import]をクリックして、10mmキューブを読み込みます。イラストを参考に図1のようにトランスポーズの[Move]で変形させます。さらに、他のパーツにも複製して使うので、[Tool]→[Geometry]→[Crease]→[CreaseAll]をクリックして事前に[Crease]をかけておきます。

▲図1 10mmキューブを変形させる

2 ▶ 蓋を作る

おかもち本体を[Tool]→[SubTool]→[Duplicate]をクリックして複製し、厚みを薄くします。蓋パーツをさらに複製して、トランスポーズの[Scale]で縮めていき、蓋の取っ手部分も作ります（図2）。

▶図2 蓋を作る

3 ▶ 蓋の止め具を作る

本体を複製して、[Tool]→[Geometry]→[Divide]を1回クリックして、トランスポーズの[Move]でL字型に変形させます（図3）。

▶図3 [Divide]を1回クリックしてL字型にする

4 ▶ シンメトリーにする

[Tool]→[Geometry]→[Del Lower]をクリックして低いSDivを削除します。[Tool]→[Geometry]→[Modify Topology]→[Mirror And Weld][X]に設定してシンメトリーにします（図4）。

▶図4 シンメトリー化する

5 ▶ 取っ手を作る

これも、本体を複製して、[Tool]→[Geometry]→[Divide]を数回クリックしつつ、トランスポーズの[Move]でコの字型に少しずつ変形させます(図5)。
うまくいかない場合は、左半分のみにして、SDivを上げておきます。[Ctrl]+[Shift]キーを押しながらブラシサムネールをクリックして、パレットを展開し[ClipCurve]を選択してざっくりと寄せます。[Tool]→[Geometry]→[Modify Topology]→[Mirror And Weld][X]に設定してシンメトリーにすると、形は作りやすいと思います(図6)。

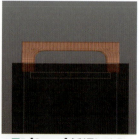 

▲図5 [Crease]を利用してトランスポーズの[Move]で少しずつ内側のアールを調節する

▲図6 [ClipCurve]で一気に寄せてからシンメトリー化する

6 ▶ 取っ手の取り付け具を作る

本体を複製して、[Tool]→[Geometry]→[Divide]を2回クリックして、トランスポーズの[Move]で図7のように変形させます。
次に、銃の時に作った半径1mmの円柱を複製して取り付け具の横に3個配置します(図8)。

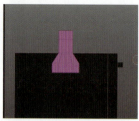 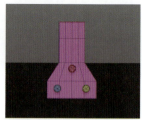

▲図7 [Divide]を2回クリックしてトランスポーズの[Move]で作る

▲図8 半径1mmの円柱を複製して取り付ける

7 ▶ シンメトリーにする

[Tool]→[Geometry]→[Modify Topology]→[Mirror And Weld][X]に設定して、シンメトリーにします(図9、10)。

 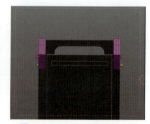

▲図9 [Mirror And Weld][X]に設定

▲図10 シンメトリーにできた

8 ▶ 位置を調整する

おかもちができあがったらイラストに合わせてトランスポーズの[Move]で位置を調節します(図11、12)。

▲図11 できあがった「おかもち」

▲図12 位置を調節する

14 布を作る

おかもちと銃を繋いでいる布を作ります

1 ▶ [ZSphere]でラフを作る

[3D Meshes]から[ZSphere]を呼び出して、布の流れと太さをおおよそで合わせます（図1）。

▶図1 [ZSphere]で布の形を作る

2 ▶ メッシュ化する

[Tool]→[Adaptive Skin]→[Make Adaptive Skin]をクリックして、メッシュ化します（図2）。

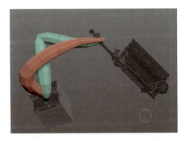

▶図2 [Make Adaptive Skin]をクリックしてメッシュ化する

3 ▶ シワを追加する

Moveブラシで厚みをつぶして、sk_Clothブラシ、sk_ClayFillブラシを使って、シワを追加します（図3）。端の部分は薄くてもいいのですが、パーツの肉厚が薄すぎると壊れてしまうので、内側にはシワの流れを利用して最低2mm位の厚みをつけてください。

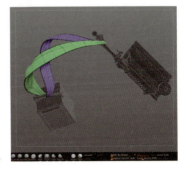

▶図3 シワを追加する

4 ▶ おかもち側の結び目を作る

[SubTool]をアクティブにして、別のオブジェクトを1つ複製して選択します。[Tool]→[Import]をクリックして、本書サンプルの10mmキューブを読み込んで、[Tool]→[Geometry]→[Divide]を数回クリックしたら、Moveブラシで形を整えて、sk_Clothブラシでシワを追加します（図4、5、6）。

▲図4 10mmキューブから作る　▲図5 sk_Clothブラシでシワを追加する　▲図6 シワを入れたオブジェクト

15 銃側の巻きつけている布を作る

銃側の巻きつけている布を作ります

1 ▶ 銃側の巻きつけている布を作る

14の手順4と同じ流れになります。ここで、「布を別パーツにするか」「銃と一体型にするか」のどちらにするか考えます。「色を塗りやすいか」「組み立てやすいか」についても考えます。
ここではパーツを減らしたいので一体型にすることにしました。
[SubTool]をアクティブにして、別のオブジェクトを1つ複製して選択します。[Tool]→[Import]をクリックして、本書サンプルの10mmキューブを読み込んで、[Divide]を数回クリックしつつ、Moveブラシで形を整えて、sk_Clothブラシでシワを追加します(図1、2、3)。

▲図1 10mmキューブから作る

▲図2 Moveブラシで形を整える

◀図3 sk_Clothブラシでシワを追加する

2 ▶ 上側に巻いている布を作る

手順1で作ったパーツを複製して、サイズを大きくしてからシワがワンパターンにならないように回転させます(図4)。
[ClipCurve]を選択して下側を斜めに寄せます(図5)。

▲図4 複製して拡大する

▲図5 [ClipCurve]で斜めに寄せる

16 銃側の巻きつけの タレ部分を作る

銃側の巻きつけのタレ部分を作ります

1 ▶ [ZSphere]でラフを作る

[3D Meshes]から[ZSphere]を呼び出して、タレの流れに配置します(図1)。

◀図1 [ZSphere]を配置

2 ▶ メッシュ化する

[Tool]→[Adaptive Skin]→[Make Adaptive Skin]をクリックして、メッシュ化します(図2)。

◀図2 メッシュ化する

3 ▶ Moveブラシで形を整える

[Tool]→[Geometry]→[Divide]をクリックしてSDivを上げつつMoveブラシで形を整えます(図3)。
中心部分はsk_Clothブラシでシワを追加します(図4)。
ここのパーツも肉厚が薄くならないように注意しながら作ってください。

◀図3 Moveブラシで形を整える

◀図4 sk_Clothブラシでシワを追加する

17 銃後ろの ヒラヒラ部分を作る

銃後ろのヒラヒラ部分を作ります。流れはタレ部分と作り方は一緒です。

1 ▶ [ZSphere]でラフを作る

[3D Meshes]から[ZSphere]を呼び出して、タレの流れに配置します(図1)。

◀図1 [ZSphere]を配置

2 ▶ メッシュ化する

[Tool]→[Adaptive Skin]→[Make Adaptive Skin]をクリックして、メッシュ化します(図2)。

◀図2 メッシュ化する

3 ▶ シワを追加する

[Tool]→[Geometry]→[Divide]をクリックしてSDivを上げつつ、Moveブラシで形を整えて、sk_Clothブラシでシワを追加します(図3)。

◀図3 sk_Clothブラシでシワを追加する

4 ▶ 複製する

[Tool]→[SubTool]→[Duplicate]をクリックして複製し、トランスポーズの[Rotate]で回転させて位置を調整します(図4)。

◀図4 複製して位置を合わせる

18 銃後ろの巻きつけている部分を作る

銃側の巻きつけている布を作ります。

1 ▶ キューブを読み込み[Crease]をかけシワを追加する

[SubTool]をアクティブにして、別のオブジェクトを1つ複製して選択します。[Tool]→[Import]をクリックして、10mmキューブを読み込みます。上・下面に[Tool]→[Geometry]→[Crease]→[Crease]をクリックして[Crease]をかけます。後で別パーツで使いますので、複製をとっておいてください。
[Tool]→[Geometry]→[Divide]を数回クリックしつつ、Moveブラシで形を整え、sk_Clothブラシでシワを追加します(図1、2、3)。

▲図1 10mmキューブから作る

▲図2 Moveブラシで形を整える

◀図3 sk_Clothブラシでシワを追加する

2 ▶ 留め部分を作る

手順1で複製したパーツを利用します。[Tool]→[Geometry]→[Divide]を数回クリックしつつ、片面にマスクをかけてトランスポーズの[Scale]で反対の面を縮小し、楕円錐の形にします(図4、5)。パーツがとても小さいため正確なモデルである必要はありません。

▲図4 10mmキューブから作る

▲図5 トランスポーズの[Scale]で楕円錐の形にする

3 ▶ 複製する

[Tool]→[SubTool]→[Duplicate]をクリックして複製し、トランスポーズの[Rotate]で回転させて位置を調整します(図6、7)。

▲図6 複製して位置を合わせる

▲図7 銃とおかもちが完成

19 デザインモデリングの最終調整を行う

ここまででスケールフィギュアのデザインモデリングは完成しました。後は立体出力用に調整をかけていきます。

基本的なデザインモデリングはここで終わりです。髪の毛のならし作業などはまだ行っていませんが、通常はこの状態で版権元にデザイン的に問題がないか監修をしてもらいます。OKが出たら立体出力用にデータ調整をした後、分割作業に入ります。

▲図1 全体完成図(正面)

▲図2 全体完成図(背面)

CHAPTER 07

立体出力用に調整する

この章では、製造用の原型に仕上げるための調整と分割、
データチェックの仕方を解説します。

01 立体出力用 データ調整の基礎知識

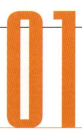

データ調整をする前に、原型制作をする際のガイドラインがありますので解説します。
これらのガイドラインを考慮しつつ、データを調整していきます。

> **memo** フィギュア原型制作のガイドライン
>
> 立体出力用の調整をするにあたって、知っておかなければいけない最低限のルールを説明します。
> メーカーによっても内容は違うのですが、おおよそこれらを考慮しておけば問題ないはずです。
> なお、メーカー基準は、初めての打ち合わせの際に事前に確認してください。

▶ フィギュア全般のガイドライン

原型から製品になるとおおよそ5%縮むと言われています。単純に5%縮小するのではなく、厚いパーツ、細いパーツ等、造形で収縮の加減がそれぞれ異なってきます。

■ パーツのディテール等の再現できる限界

パーツのディテール等の再現できる限界は、おおよそ0.5mm位です。それ以上細かいディテールを作っても、製造時につぶれてしまう可能性があります。

■ 細かいパーツは一体化する

あまりにも細かくパーツをばらしすぎると、今度は製品化する時に工場で組み立てるという工程が入り、単価が上がるので、細かいパーツはなるべく一体化するようにします。

■ 印刷で再現予定のパーツ

スカートの模様等、印刷で再現予定のパーツは、印刷しやすいようにアンダーのないスカートのなびきにとどめます。

■ 目の外輪のモールド

目の外輪のモールドはメーカーによって入れるところと入れないところがあります。

■ 1パーツ内で三次元交差させない

1パーツ内で三次元交差をさせていると生産ができません。その場合は分割をしてください。

■ パーツの分割

パーツはなるべく一段潜り込ませてから分割してください。またパーツ分割の際、肌は極力削らないようにしましょう。

■ 隠れて見えていないパーツ

隠れて見えていないパーツもしっかりと造形をするようにしてください。

■ 台座への設置

キャラクターの足底で台座に設置できる仕様にしましょう。無理な場合は、足底に設置用のパーツを作ってください。またキャラクター保持のための支柱はなるべく付けない仕様にしましょう。支柱1本でも単価に影響してきます。

■ パーツの厚み

パーツの厚みは（製品時）最低0.8mm以上にしてください。製品時の想定で0.8mmですので、原型では約1〜1.2mmは最低必要になります。ただし単純に「長いリボンやスカートが1mm厚あればよい」というものではありません。薄い布のパーツはシワを利用して、なるべく厚みを2mm以上つける必要があります（薄すぎるパーツは製品化した後に、パーツが自重でへたってきてしまうことがある）。

剣の刃先などの尖ったパーツは刃先0.5mm位で先を丸くします。薄く尖りすぎていると製造不良の原因になります。

棒状でそのまま伸びている銃身のような形状は最低直径1.5mm以上は必要です。できれば最低2mmはほしいところです。また武器などの棒状の部分は最低直径2〜3mmはほしいところです。

■ パーツ同士の接合面

パーツ同士の接合面はぶつ切りにしないようにしてください。製品になって隙間ができる場合があり、隙間があると製品が安っぽい印象になります。

パーツ断面は、極力シンプルな作りにします。複雑なディテールだと製造工程で合わせがうまくいかなくなることがあります。

■ 嵌合ボスの形状や大きさ

嵌合（かんごう:部品の軸と穴を結合する箇所）ボス（ピン）の形状は角にしてください。円柱だと、角度がどの位置が正位置なのかわからなくなります（金属線のような細すぎるもので取り付けるのは不可）。さらに、左右の嵌合ボスは左右を間違えないように角度を変えるなどしてください。

嵌合ボスの大きさは最低2mm以上にしてください。細すぎる嵌合ボスは折れる可能性があります。

■ 面処理

面処理は細かいところまで処理するようにしてください。また面処理はパーツの裏側も綺麗に処理しましょう。面処理をした後、全体にサーフェイサーを吹きつけ、色を均一化してください。

▶ プライズ関係品（ゲームセンター向けの景品）の場合

上記のガイドラインに以下が加わります。

- カタログの正位置画像から下着が見えてはいけない
- 胸先の尖り、局部の作り込みは不可
- 性的な連想させるポーズは不可

02 調整するパーツを確認する

データ制作において、ある程度ガイドラインを考慮した作り方をしていましたが、まだ厚みがないパーツあるので、厚みをつけていきます。

1 ▶ パーツを確認する

本誌の場合は厚みなしのパーツは上着・プリーツの前後の3パーツになります（図1）。

▶図1 厚みのないパーツ

2 ▶ プリーツ前に厚みをつける

現状ではポリグループが分かれているので、[Tool]→[Polygroups]→[GroupVisible] をクリックしてグループを1つにします（図2）。

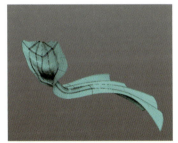

▶図2 必要な部分のみにしてグループ化する

3 ▶ 厚みをつけてメッシュ化する

SDivが残っている場合は[Tool]→[Geometry]→[Del Lower]でSDivを消します。
[Tool]→[SubTool]→[Extract]で、[S Smt][0]、[Thick][0.0001]、[Double]をoffに設定して、[Extract]→[Accept]の順にクリックし、メッシュ化します（図3、4）。
プリーツのように折り返しが多いものは一気に2mm厚みをつけようとしても折り返し部分のメッシュがめり込んでうまくいかないので、はじめは薄い厚みで作ってから加工します。

▲図3 [Extract]の設定

▲図4 厚みをつけてメッシュ化する

4 ▶ Moveブラシで厚みをつける

図4の緑色のグループにマスクをかけます。ピンク部分をMoveブラシの[Draw]で大きくして、全体を少しずつ引っ張って、厚みをつけます（図5）。
[Ctrl]＋[Shift]キーを押しながらブラシサムネールをクリックして、パレットを展開し、[SelectLasso]を選択します。[SelectLasso]で隠して、断面を表示させ、厚みを随時確認してください（図6）。

▲図5 Moveブラシで引っ張る

▲図6 厚みが規定値あるか断面を確認する

5 ▶ プリーツの後ろに厚みをつける

プリーツの前と同様に処理をします。
[Tool]→[PolyGroups]→[GroupVisible]をクリックしてグループを1つにします（図7）。
[Tool]→[SubTool]→[Extract]で[S Smt][0]、[Thick][0.0001]、[Double]をoffに設定して、[Extract]→[Accept]の順にクリックし、メッシュ化します。表面にマスクをかけて、反対側をMoveブラシで引っ張って、厚みをつけます（図8）。

▲図7 必要な部分のみにしてグループ化する

▲図8 Moveブラシで引っ張る

6 ▶ パーツを一体化する

体パーツを複製して[SelectLasso]で必要な部分のみを表示させます（図9）。
SDivが残っている場合は[Tool]→[Geometry]→[Del Lower]をクリックしてSDivを消します。
[Tool]→[Geometry]→[Modify Topology]→[Del Hidden]をクリックして隠している部分を削除します。
[Tool]→[Geometry]→[Modify Topology]→[Close Holes]をクリックして空いている穴を塞ぎます。
厚みをつけたプリーツ前後を[Tool]→[SubTool]→[Merge]→[MergeDown]をクリックしてマージします（図10）。次に、データを3D-Coatにもって行くため[Tool]→[Export]をクリックしてobj（オブジェクト）をエクスポートします。

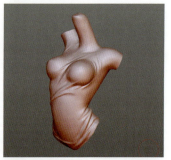
▲図9 必要な部分のみ表示して穴を塞ぐ

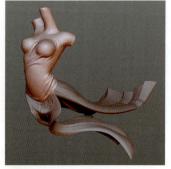
▲図10 パーツをマージする

7 ▶ 3D-Coatで調整する

3D-Coatを開いたらボクセルモードにして、解像度を[8x]にします（図11）。通常は[16x]にしますが、ここではデータが重かったため解像度を[8x]に下げました。
ZBrushからエクスポートしたobjを3D-Coatでインポートします（図12）。

▲図11 解像度を[8x]にする

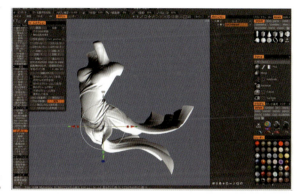
▶図12 3D-Coatでインポートする

8 ▶ 継ぎ目を埋める

3D-Coatで[Voxel Tools]→[埋める]を選択して、パーツの継ぎ目の段差を埋めていきます（図13、14）。
終わったら、objをエクスポートします。

▲図13 [Voxel Tools]→[埋める]を選択

▲図14 繋ぎ目を埋める

9 ▶ ZBrushで微調整する

ZBrushに戻って、[Tool]→[Import]をクリックしてobjをインポートします。
位置やスケールがずれる場合は[Tool]→[SubTool]→[Duplicate]をクリックしてから、200mmキューブをインポートしてください。埋めて消えたプリーツのラインをsk_Slashブラシで微調整します（図15）。

▶図15 ZBrushにデータを戻してsk_Slashブラシで微調整する

03 服を調整する

服に厚みをつけて調整します。

1 ▶ 必要なパーツのみにする

[Ctrl]+[Shift]キーを押しながらブラシサムネールをクリックして、パレットを展開し、[SelectRect]を選択します。[SelectRect]でピンクの部分のみ表示させます(図1)。SDivが残っている場合は[Tool]→[Geometry]→[Del Lower]をクリックしてSDivを消します。
[Tool]→[Geometry]→[Modify Topology]→[Del Hidden]をクリックして隠している部分を削除します(図2)。

▲図1 全体のメッシュの確認

▲図2 必要な部分のみにする

2 ▶ 穴を塞ぐ

[Tool]→[Geometry]→[Modify Topology]→[Close Holes]をクリックして空いている穴を塞ぎます(図3)。SelectRectで蓋部分のみを表示して、[Tool]→[Polygroups]→[Auto Groups]をクリックし、塞いだ蓋部分をグループ分けします(図4)。
黄色部分は使わないので[SelectRect]で黄色部分のみを隠した状態にし、[Tool]→[Geometry]→[Modify Topology]→[Del Hidden]をクリックして隠している部分を削除します。

▲図3 穴を塞ぐ

▲図4 グループ分けをする

3 ▶ 袖の蓋を加工する

[SelectRect]を使って袖蓋部分のみを隠し、残りをマスクをしたら全表示させます(図5)。
トランスポーズの[Scale]で蓋部分を縮小したら、[Move]で1mmほど押し込みます(図6、7)。反対側の袖の蓋も同様に処理します。

▲図5 袖口以外をマスクする

▲図6 トランスポーズの[Scale]で縮小する

▲図7 トランスポーズの[Move]で押し込む

4 ▶ 厚みをつけてメッシュ化する

[Tool]→[Polygroups]→[GroupVisible]をクリックしてグループを1つにします。
[Tool]→[SubTool]→[Extract]で[S Smt][0]、[Thick][-0.0001]、[Double]をoffに設定して、[Extract]→[Accept]の順にクリックし、メッシュ化します（図8）。

▲図8 厚みをつけてメッシュ化する

5 ▶ 袖内側を削除して蓋をする

服の内側のメッシュ（黄色部分）を表示させておいて、[Ctrl]+[Shift]キーを押しながらブラシサムネールをクリックして、パレットを展開し、[SelectLasso]を選択します。[SelectLasso]で袖を隠したら、[Tool]→[Polygroups]→[GroupVisible]をクリックし、グループを割り当てておきます。
[SelectRect]で袖口内側のみを隠して、[Tool]→[Geometry]→[Modify Topology]→[Del Hidden]をクリックして削除します。[Tool]→[Geometry]→[Modify Topology]→[Close Holes]をクリックして穴を塞ぎます（図9、10）。
終わったら、反対側も同様に処理してください。

▲図9 [SelectLasso]で袖を隠す

▲図10 袖口内側を削除して穴を塞ぐ

6 ▶ Moveブラシで厚みをつける

服の表側にマスクをかけて、内側をMoveブラシの[Draw]のサイズを大きくして、全体を少しずつ引っ張って厚みをつけます（図11）。

▲図11 Moveブラシで厚みをつける

04 髪の毛を調整する

髪の毛の合わせ目の調節をします。

1 ▶ 前髪の合わせ目を埋める

前髪は2段になるので下のパーツ部分を3D-Coatにもって行って、繋ぎ目を埋めます。
ZBrushの[Tool]→[SubTool]→[Merge]→[MergeDown]をクリックして必要なパーツをマージします（図1）。
ZBrushの[Tool]→[Export]をクリックしてobjをエクスポートします。
3D-Coatをボクセルモードにして、解像度を[16x]にしたら、objをインポートします。
[Voxel Tools]→[埋める]を選択して、髪の毛の継ぎ目の段差を埋めます（図2）。
終わったら、objをエクスポートしておきます。
前髪の上のパーツも同様にして繋ぎ目を埋めます（図3）。

▲図1 パーツをマージする

▲図2 3D-Coatの[埋める]でならす（前髪）

▲図3 3D-Coatの[埋める]でならす（前髪の上）

2 ▶ 後ろ髪の合わせ目を埋める

前髪同様に合わせ目を埋めます。
ZBrushからobjをエクスポートして、3D-Coatにインポートしたら、[Voxel Tools]→[埋める]で髪の毛の継ぎ目の段差を埋めます（図4、5）。
終わったら、objをエクスポートしておきます。
ZBrushにobjをインポートしてsk_Slashブラシで髪の毛の線を微調節します。

▲図4 パーツをマージする

▲図5 3D-Coatの[埋める]でならす

05 分割調整と分割作業を行う

ここからはZBrushと3D-Coatを行き来しつつパーツを調整しながら分割作業に移ります。
3D-Coatの作業は[Ctrl]+[Z]キーに時間がかかったり、効かなくなることもあるので、
随時保存をしながら制作してください。
保存データも、1ファイルで仕上げるのではなく、ある程度ごとにファイル名を変えて保存していけば、
失敗した場合の戻り作業が楽になります。
なお、制作の工程自体には影響ありませんが、顔の口開きバージョンと
口閉じバージョンが混在していますのでご了承ください。

1 ▶ objをエクスポートする

ZBrushの顔・耳・舌パーツを[Tool]→[SubTool]→[Merge]→[MergeDown]をクリックしてマージし、[Tool]→[Export]をクリックしてobjをエクスポートします。

2 ▶ 顔を読み込む

3D-Coatを開いてボクセルモードにして、解像度を[16x]にしたらobjをインポートします。以後、インポートの場合は解像度を[16x]にしてください。
[Voxel Tools]→[埋める]を選択して、耳の継ぎ目の段差を埋めます（図1）。[Shift]キーを押しつつなぞるとSmoothの効果になります。
ボクセルツリーの作り方は、頭部・体・足と大別して、その子ツリーに細かいパーツを入れておくと作業がはかどります（図2）。

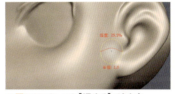
▲図1 3D-Coatの[埋める]でならす

▲図2 ボクセルツリーの配置例

3 ▶ 半透過させる

3D-Coatで前髪上と前髪下パーツをそれぞれ別のツリーにインポートします。
丸マークをoffにして半透過させます（図3、4）。

▲図3 丸マークをoffにして半透過にする

▲図4 半透過にする

4 ▶ 顔をカットする

顔パーツで前髪の抜き作業をしますが、そのままでは髪が薄いパーツになってしまうため、前髪に隠れている顔側をカットして髪の厚みを確保します。
3D-Coatで[調整]→[隠す]を選択して、ペンの効果を図6にします。ツールオプションが出てくるので[シャープな境界]を選択して、[BorderFormParam][0]に設定します(図5、6、7)。以後、隠す機能を使う時は同じ設定にしてください。
髪の毛に2〜3mm入ったところを囲んで隠します(図8)。[Geometry]→[隠した部分を削除]で隠した部分を削除します(図9)。隠す機能を取りやめる時は[Esc]キーを押します。

> **memo　カットした後にやり直したい場合**
> [Geometry]→[全て表示]で一旦表示させてからやり直してください。[Ctrl]+[Z]キーで戻ろうとするとたまにフリーズするので、その回避策です。

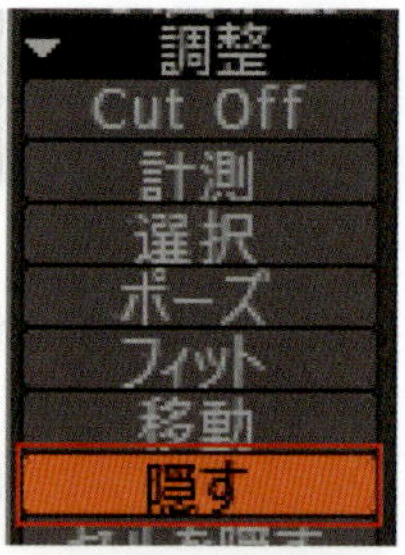

▲図5 [隠す]機能を選択

▲図8 調整ツールで囲んで隠す

▲図6 ペン効果の選択

▲図7 ツールオプション

▲図9 隠した部分を削除する

5 ▶ 顔の背面をカットする

3D-Coatで[調整]→[隠す]を選択して、ペンの効果を図10にします。これはスプラインで隠せる機能ですが[B-スプライン]がonになっていると使いにくいのでoffにします(図11、12)。
次に、顔の背面をスプラインで囲みます。点部分をドラッグするとスプラインのポイントを移動できます(図13)。
位置を調節したら[適用]をクリックして囲んだ部分を隠します(図14)。
隠す機能を取りやめる時は[Esc]キーを押します。
問題なければ、[Geometry]→[隠した部分を削除]を選択して隠した部分を削除します。

▲図11 [B-スプライン]がonの場合

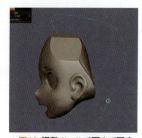

▲図13 調整ツールで囲んで隠す

▲図10 ペン効果の選択

▲図12 [B-スプライン]がoffの場合

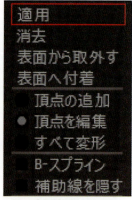

▲図14 [適用]をクリックする

6 ▶ 首を取り付ける

ZBrushから体パーツをエクスポートします。
3D-Coatでツリーを追加して、体パーツを読み込んだら図15の複製のアイコンをクリックしてパーツを一旦複製します（図15、16）。
複製した体パーツを[Shift]キーを押しつつ、顔パーツへドラッグして、(和)ブーリアンをします（図17、18）。

▲図15 複製する

▲図16 複製されるとツリーが追加される

▲図17 [Shift]キーを押しつつドラッグ

▲図18 (和)ブーリアンして一体化する

7 ▶ 繋ぎ目を埋めてならす

ここでは、首周りのパーツを作るのですが、そのままではデータが重いので、体部分の不要なところを削除してから首の付け根をならします。
3D-Coatで[調整]→[隠す]を選択して、ペンの効果を図19のようにしたら、首周りを残して、他を隠した後に削除します（図20）。
次に、[Voxel Tools]→[埋める]を選択して、首の継ぎ目の段差を埋めてならします（図21）。

▲図19 ペン効果の選択

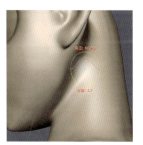
▲図21 [埋める]ツールでならす

▲図20 調整ツールで囲んで隠す

8 ▶ 前髪から顔を差ブーリアンする

3D-Coatで顔パーツを一旦複製します（図22）。
複製した顔パーツを[Ctrl]キーを押しつつ前髪下パーツへドラッグして、(差)ブーリアンで引きます（図23、24）。

▲図22 複製をする

▲図23 [Ctrl]キーを押しつつドラッグ

▲図24 (差)ブーリアンで引く

9 ▶ 後ろ髪から顔を差ブーリアンする

ZBrushで繋ぎ目を調整していた後ろ髪（obj）を3D-Coatへインポートし、前髪と同様にして後ろ髪も顔パーツで、(差)ブーリアンして引きます（図25、26）。

▲図25 後ろ髪(obj)を3D-Coatへインポートする

▲図26 (差)ブーリアンして引く

10 ▶ 前髪と後ろ髪の合わせを調整する

3D-Coatで前髪パーツを複製して、後ろ髪パーツから(差)ブーリアンして引きます（図27、28）。

▲図27 前髪パーツを複製する

▲図28 (差)ブーリアンして引く

11 ▶ もみあげ部分を切り出す

もみあげが1mm以下とパーツ的に薄すぎるため、切り離して顔側に取り付けます（図29）。
3D-Coatで[調整]→[隠す]を選択してペンの効果を図30のようにしたら、もみあげ部分を囲んで隠します（図30、31）。[Geometry]→[隠した部分を切り離す]を選択すると、隠されていた部分が別レイヤーとして追加されます（図32、33）。

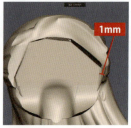
▲図29 もみあげの厚みが1mmほどしかない

▲図32 [隠した部分を切り離す]を選択

▲図31 調整ツールで囲んで隠す

▲図30 ペン効果の選択

▲図33 切り離されたパーツがレイヤー分けされる

12 ▶ もみあげを顔パーツにならす

もみあげパーツに端切れがある場合は、3D-Coatの隠す機能で隠した後削除してください（図34）。
3D-Coatでもみあげパーツと顔パーツを（和）ブーリアンをして一体化したら、[Voxel Tools]→[埋める]で埋めながら、ならしていきます（図35）。

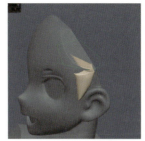
▲図34 いらない部分を削除する

▲図35 [埋める]ツールでならす

13 ▶ 勘合用のピンを設置する

3D-Coatで新規レイヤーを作って、プリミティブの立方体を選択したらツールオプションの設定を、[大きさ][20.0000][10.0000][20.0000]にして、[適用]をクリックします（図36、37、38）。

> **memo** 立方体のツールオプションの大きさの数値
> 立方体のツールオプションの大きさの数値ですが、入力した数字の半分のサイズの形ができてしまいます。ソフトのバージョンアップで、今後直ると思います。

[調整]→[空間変形]を選択して、立方体を顔の後ろに移動させます（図39、40）。この方向は、パーツを引き抜く方向を意識して配置しないと、パーツが抜けなくなります。ここでは、耳の上の髪の毛を削りたくないため、斜め下に引き抜くのを想定して配置しました。

▲図36 立方体を選択

▲図37 ツールオプション

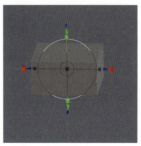
▲図38 立方体を作成

▲図39 [空間変形]を選択

▲図40 位置を調節する

14 ▶ 抜き取りパーツを作る

3D-Coatで嵌合ピンを複製してから、顔パーツに(和)ブーリアンで一体化をします。
基本的に嵌合ピン加工の作業は複製をしてから加工してください。後の調整で嵌合ピンが必要になってくることも多いです。
次に、パーツを引き抜いていく軌道パーツを制作します。分割と言っても単純に切ればよいと言う訳ではなく、玩具としてパーツを組み立てられることを考慮しないと、パーツが抜けなかったりします。顔パーツを複製して、[調整]→[浅浮き彫り]を選択します(図41)。
ギズモ(矢印のバー)が出てくるので、矢印(始点)・丸(終点)としてバーを立方体の辺に沿って配置します(図42)。ツールオプションの[適用]をクリックするとバーの方向に浅浮き彫り処理がされます(図43、44)。なお[浅浮き彫り]をかけると解像度がなぜか上がります(図45)。

▲図41 [浅浮き彫り]を選択

▲図43 [適用]をクリックする

▲図42 ギズモで位置を調整

▲図44 [浅浮き彫り]がされた

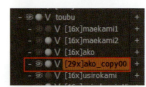
▲図45 解像度が上がる

15 ▶ 軌道パーツを差ブーリアンする

3D-Coatで後ろ髪から顔の軌道パーツを(差)ブーリアンをします(図46)。

▶図46 (差)ブーリアンで引く

16 ▶ 前髪を軌道パーツで (差)ブーリアンして引く

3D-Coatで後ろ髪の時と同様に浅浮き彫りをしたパーツで前髪から(差)ブーリアンして引きます(図47、48、49、50)。

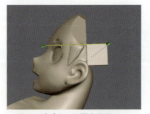
▲図47 ギズモで位置を調整

▲図48 [浅浮き彫り]をかける

▲図49 (差)ブーリアンして引く

▲図50 前髪の裏側が処理された

06 後ろ髪を分割調整する

商業製品の場合、量産を考慮した分割をする必要があります。その中で特に注意する造形として1パーツ内で3次元交差させないということがあります。
作成するフィギュアの後ろ髪のなびきは3次元交差していますので、パーツを分割する必要があります。

1 ▶ 分割を検討する

パーツ分割する場合、「なるべく分割が目立たないようにする」ことが基本です。最終的にどうしようもない場合のみ、ぶつ切りにすることもあります。
ここでは、後ろ髪を左右に大きな束として分割をしました。その際、後頭部を真ん中で割ると分割ラインが目立つため、ポーズ的に隠れる右サイドの髪の毛の線に沿って分割をしました(図1)。

▶図1 想定される大分割

2 ▶ 後ろ髪の分割

3D-Coatで後ろ髪の複製をとります。[調整]→[隠す]を選択してペンの効果を図2にします。図1のオレンジ色部分をスプラインで囲んだら[適用]をクリックして、囲んだ部分を隠すと図1の緑色パーツになります(図3)。
問題なければ、[Geometry]→[隠した部分を削除]を選択して隠した部分を削除します。いらない髪の毛先の部分も同様にして削除してください。

▲図2 ペン効果の選択

▲図3 調整ツールで囲んで隠す

3 ▶ (差)ブーリアンをする

3D-Coatで図1の緑色パーツができたら、一旦複製を作成します。
後ろ髪全体のものを複製して緑色パーツで(差)ブーリアンをすると図1のオレンジ色パーツができあがります(図4)。
このように、分割作業では元の形状を使いまわして作業を進めることが多いので、必ず複製をとってから作業するようにしてください。

▶図4 (差)ブーリアンして引く

4 ▶ 嵌合ピンを付ける

次に、嵌合ピンを配置しておきます。
3D-Coatでプリミティブで立方体を選び2×2×15mm、3×3×15mm、5×5×15mmの3種類の嵌合ピンを作っておきます。これは各所の嵌合ピンとして使います。なお3D-Coat 4.5 BETA 12Aではおそらくバグのため、入力した数値がmmではない可能性があるので注意が必要です。

3mmの嵌合ピンを髪の合わせ目に配置します(図5)。この時、組み立てる方向を意識して配置してください。配置したら、複製を2つ作って、1つを図1のオレンジ色部分に(和)ブーリアンして一体化します(図6)。もう1つを図1の緑色パーツに(差)ブーリアンして引き、穴を開けます(図7)。

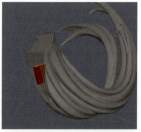
▲図5 [空間変形]で位置を調整する

▲図6 (和)ブーリアンして一体化する

▲図7 (差)ブーリアンして引く

5 ▶ 細い毛の分割

図8の青色パーツの分割をします。
青色パーツの結合前のデータをZBrushからエクスポートして3D-Coatにインポートします(図9)。
干渉している部分を確認したら、青色パーツの複製をとり、3D-Coatで[調整]→[隠す]を選択して干渉部分以外を隠します(図10、11)。
[調整]→[浅浮き彫り]を選択して嵌合ピン部分を作ります(図12)。嵌合ピンと青色パーツを(和)ブーリアンしたら、嵌合ピン付きの青色パーツができあがります(図13)。
嵌合ピン付きの青色パーツを複製して、緑色パーツに(差)ブーリアンをすれば、緑色パーツの溝ができます(図14)。

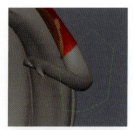
▲図8 想定される分割

▲図9 結合前のデータをインポートする

▲図11 調整ツールで囲んで隠す

▲図10 干渉部分を確認

▲図12 [浅浮き彫り]がされた

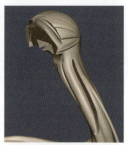
▲図13 (和)ブーリアンして一体化する

▲図14 (差)ブーリアンして引く

6 ▶ 束の毛の分割

図15の赤色パーツの分割をします。
赤色パーツの結合前のデータをZBrushからエクスポートして3D-Coatにインポートして、複製しておきます（図16）。
ここのパーツは、髪の流れに沿ってカットするのが無理だったため、キャラクターの正面からなるべく見えない位置でぶつ切りにします。
3D-Coatで［調整］→［隠す］を選択して、ペンの効果を図17にしたら、背中に回りこんで見えない位置で隠して、いらない部分を削除します（図18）。

▲図15 想定される分割

▲図16 結合前のデータをインポートする

▲図17 ペン効果の選択

▲図18 調整ツールで囲んで隠す

7 ▶ 分割の合わせ目の調整

図15のオレンジ色パーツの結合前のデータをZBrushからエクスポートして、3D-Coatにインポートします（図19）。
手順6（図18）で作った赤色パーツを、今読み込んだオレンジ色のパーツで（差）ブーリアンをして引くと、赤色パーツの裏側が削られます（図20）。

▲図19 結合前のデータをインポートする

▲図20 （差）ブーリアンで引く

8 ▶ 勘合ピンを付ける

手順4で作った2mmピンを髪の合わせ目に配置します。この時、組み立てる方向を意識して配置してください（図21）。
配置したら、複製して赤色パーツ部分に（和）ブーリアンして一体化します（図22）。
赤色パーツを複製して、オレンジ色パーツに（差）ブーリアンして穴を開けます（図23）。
話が前後しますが、前髪の上下のパーツ分割もここと同じようにして制作します（図24）。

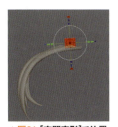
▲図21 ［空間変形］で位置を調整する

▲図23 （差）ブーリアンで引く

▲図22 （和）ブーリアンして一体化する

▲図24 前髪の上下分割

07 シニヨンと三つ編みを分割調整する

シニヨンと三つ編みの分割と調整をします。通常は嵌合ピンを作って分割をしますが、接地面が少ない場合はパーツを削って作ります。

1 ▶ シニヨンから頭部パーツを（差）ブーリアンして引く

ZBrushからシニヨンパーツをエクスポートして、3D-Coatに読み込みます（図1）。次に、頭部の複製をとって、シニヨンから頭部パーツを（差）ブーリアンして引きます（図2）。

▲図1 シニヨンを読み込む

▲図2 （差）ブーリアンして引く

2 ▶ 嵌合ピンを作る

嵌合ピンの大きさは適当でよいのですが、四角だと取り付け角度を間違える可能性があるため長方形にします（図3）。次に、シニヨンと嵌合ピンを（和）ブーリアンして一体化します（図4）。

▲図3 嵌合ピンを作る

▲図4 シニヨンとピンを（和）ブーリアンして一体化する

3 ▶ 頭部パーツからシニヨンを（差）ブーリアンして引く

シニヨンを複製して、頭部パーツからシニヨンを（差）ブーリアンして引きます（図5）。

▶図5 頭部パーツからシニヨンを（差）ブーリアンして引く

4 ▶ 三つ編みの分割調整

三つ編みに嵌合ピンを立てたいのですが、接地面が少ないため強度が心配です（図6）。
そこでシニヨンで隠れている髪部分をカットして、嵌合ピンに仕立てます。

▲図6 三つ編みの接地面を確認

5 ▶ 嵌合ピンを切り出す

頭部を複製して三つ編みの流れを意識して、[調整]→[隠す]を選択し、いらない部分を隠した後に削除します（図7）。

▶図7 嵌合ピンを切り出す

6 ▶ 三つ編みと嵌合ピンを一体化する

三つ編みとピンを（和）ブーリアンして一体化します。同じ流れに髪の毛のはねが1本あるので、他の髪の毛同様に処理し、三つ編みと一体化します（図8）。

▶図8 三つ編みと嵌合ピンの一体化

7 ▶ 頭部パーツから三つ編みパーツを（差）ブーリアンして引く

三つ編みパーツを複製して、頭部から三つ編みパーツを（差）ブーリアンして引きます（図9）。同様にして反対側も加工します（図10）。

▲図9 頭部から三つ編みパーツを（差）ブーリアンして引く

▲図10 反対側も分割処理をする

服と上着を分割調整する

上着を背中の縫い目から左右に分割する手もありますが、下側に分割できそうなので
組み立てを考慮しつつ上下に分割を行います。

1 ▶ 上着を読み込む

ZBrushで厚み調整をした服パーツと上着パーツを
[Tool]→[Export]をクリックしてobjをエクスポートします
（図1）。
3D-Coatを開いてボクセルモードにして、ツリーを追加
し、解像度を[8x]にしたら、objをインポートします（図2、
3）。制作時点、筆者のPCのスペックが低かったため解
像度[8x]で処理しましたが、できれば解像度[16x]にし
てください。

▲図1 ZBrushで厚み調整をしたパーツ

▲図2 3D-Coatにインポートする

▶図3 別々のツリーにインポートする

2 ▶ 服の抜き方向の確認

3D-Coatでプリミティブの立方体（10mm×7mm×
7mm）を作って嵌合ピンとします。
[調整]→[空間変形]を選択して、嵌合ピンを移動させ
つつ、服を抜き取る際にひっかからない位置を探します
（図4）。

▶図4 嵌合ピンを配置する

3 ▶ 上着のアンダーカット処理をする

3D-Coatで上着パーツを一旦複製します。
[調整]→[アンダーカット]を選択して、ギズモ（バー）を
配置したら[適用]をクリックします（図5、6、7、8）。立方
体の辺を目安にして配置すると楽です。

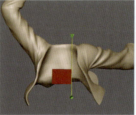
▲図5 立方体を目安にギズモを配置する

▲図6 [調整]→[アンダーカット]を選択

▲図7 [適用]をクリックする

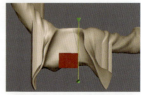
▲図8 [アンダーカット]処理がされた

> **memo** アンダー処理とは
> パーツの抜き方向に対してへこんでいる部分を埋める処理のことです。材料がPVC(ポリ塩化ビニル)であれば多少のアンダーは残っていても問題はありませんが、材料がABS(ABS樹脂)の場合はアンダーがあると金型からパーツが引き抜けなくなるため、「アンダーはなくしてください」というケースが多いです。
> 例として、図9を上下の抜き方向としてアンダー処理したものが図10になります。図11の赤い部分がアンダー処理で埋まった部分です。

▲図9 元の形状

▲図10 アンダーカット処理をする

▲図11 赤い部分がアンダーカット処理で埋まった部分

4 ▶ 嵌合ピン部分を作る

嵌合ピンが1個ではパーツがぶれてしまう可能性があるので、左右にも嵌合ピンを追加します。
はじめに作った嵌合ピンを複製して、[調整]→[空間変形]を選択して、嵌合ピンを水平に移動させます(図12)。嵌合ピン3個を(和)ブーリアンして一体化したら、念のため複製をとって、上着からピンを(差)ブーリアンして引きます(図13)。

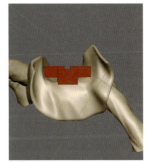
▲図12 嵌合ピンを3つ配置する

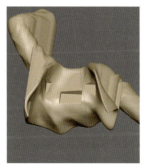
▲図13 (差)ブーリアンで引く

5 ▶ 服から上着を(差)ブーリアンして引く

服から上着を(差)ブーリアンして引くと、嵌合ピンも付いた状態になります(図14、15、16)。

▲図14 服を上着で(差)ブーリアンして引く

▲図15 (差)ブーリアンされた

▲図16 裏側も嵌合ピンが残っている

6 ▶ 上着に襟をつける

ZBrushから上着の襟をエクスポートして、3D-Coatに読み込み、上着と襟を(和)ブーリアンして一体化したら、端をならします(図17、18)。

▲図17 上着の襟を読み込む

▲図18 一体化してならす

09 腰周りを分割調整する

腰の分割を行いますが、そのままでは腰パーツが抜き取れないため、プリーツの分割も行います。

1 ▶ 上着を読み込む

ZBrushでガーターベルトをマージした体パーツを[Tool]→[Export]を選択して、objをエクスポートします(図1)。3D-Coatを開いてボクセルモードにして、ツリーを追加して解像度を[8x]にしたらobjをインポートします(図1)。もしPCのスペックが許すなら、解像度を[16x]にして制作してください。

▶図1 体パーツを読み込む

2 ▶ 体パーツから服パーツを (差)ブーリアンして引く

3D-Coatで服パーツを複製したら、体パーツから服パーツを(差)ブーリアンして引いて、[調整]→[隠す]を選択して、切れ端を隠した後に削除します(図2、3)。

▲図2 不要な部分を削除する

▲図3 腰が切り出された

3 ▶ プリーツ部分を分割する

3D-Coatで分割線をなるべく目立たなくするには、服の縫い目を使うのが有効ですが、プリーツの前後の枚数上、服サイドの縫い目がプリーツ1枚分ずれてしまいました(図4)。
そのまま縫い目で分割しても意味がないため、「後ろ側をぶつ切りにするか」「前側を切るか」のどちらかになります。幸い前側のプリーツ部分には、深いシワがあるので、このラインを利用して分割をすることにします。
まず3D-Coatで服パーツを複製します。[調整]→[隠す]を選択してプリーツ前のシワから上を隠します。切れ端ができるので、それも隠した後に削除をします(図5、6)。

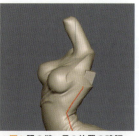
▲図4 服の縫い目の位置の確認

▲図5 [調整]→[隠す]を選択して不要な部分を隠す

▲図6 プリーツの前のみにする

4 ▶ プリーツ前パーツを(差)ブーリアンして引く

プリーツ前パーツを複製して、服パーツからプリーツ前パーツを(差)ブーリアンして引きます(図7)。

▶図7 (差)ブーリアンしてプリーツ前を引きます

5 ▶ 服の嵌合ピンの穴を開ける

プリミティブの立方体(5mm×10mm×15mm)を作って嵌合ピンとします。
嵌合ピンを[調整]→[空間変形]を選択して移動させつつ、腰を抜き取る際にひっかからない位置を探します(図8)。
嵌合ピンを複製して、服パーツから(差)ブーリアンして引きます(図9)。

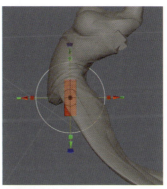

▲図8 嵌合ピンを作る

▲図9 服から嵌合ピンを(差)ブーリアンして引く

6 ▶ 嵌合ピンを腰に付ける

嵌合ピンを腰側に(和)ブーリアンして、一体化しておきます(図10)。

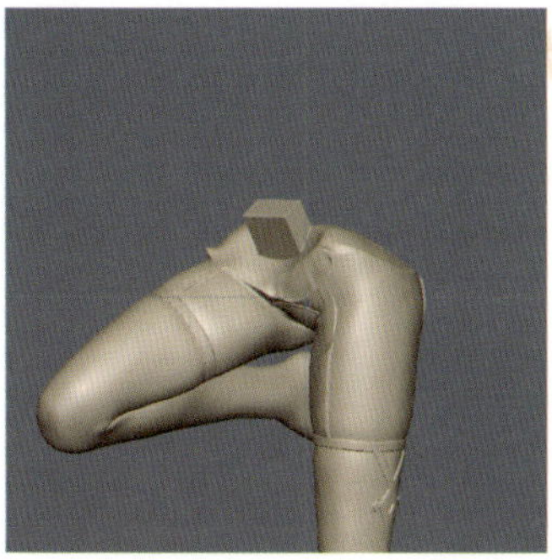

▶図10 腰と嵌合ピンを(和)ブーリアンして一体化する

10 腿と靴を分割調整する

潜り込んだ分割の場合は、ZBrushで抜き用パーツを作ってから分割したほうが、効率がよい場合がありますので、解説します。

1 ▶ ZBrushで分割パーツを作る

ニーソのゴム部分から分割しますが、ZBrushであらかじめ抜き用パーツを作ります。
[Ctrl]＋[Shift]キーを押しながらブラシサムネールをクリックして、パレットを展開し、[SelectLasso]を選択します。[SelectLasso]で、大腿部のみを表示させたら、[Tool]→[Geometry]→[Modify Topology]→[Del Hidden]をクリックして隠した部分を削除した後、[Tool]→[Geometry]→[Modify Topology]→[Close Holes]をクリックして穴を塞ぎます（図1、2）。

▲図1 [SelectLasso]で大腿部のみを表示

▲図2 [SelectLasso]で大腿部以外をカットする

2 ▶ 分割用の腿を切り出す

[Ctrl]＋[Shift]キーを押しながらブラシサムネールをクリックして、パレットを展開し、[SelectRect]を選択します。前工程で、ニーソ周りはZBrushでグループ分けをしているはずなので、[SelectRect]でゴムライン上側のみ表示させて、[Tool]→[Geometry]→[Modify Topology]→[Del Hidden]をクリックして隠した部分を削除した後、[Tool]→[Geometry]→[Modify Topology]→[Close Holes]をクリックして穴を塞ぎます（図3、4）。

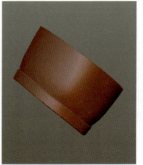
▲図3 [SelectRect]でゴムライン上側のみを表示させる

▲図4 [Close Holes]で穴を塞ぐ

3 ▶ 嵌合のへこみを作る

塞いだ蓋部分以外にマスクをかけ、トランスポーズの[Scale]で2mmほど内側に縮小します（図5）。次に、トランスポーズの[Move]で2mmほど押し込みます（図6）。

▲図5 トランスポーズの[Scale]で内側に縮小する

▲図6 トランスポーズの[Move]で押し込む

4 ▶ ニーソ部分の抜きパーツを読み込んで(差)ブーリアンして引く

3D-Coatに戻ってツリーを追加したら、手順3で作ったニーソ周りの抜きパーツをインポートします。足パーツを複製したら、ニーソ周りの抜きパーツを(差)ブーリアンして引きます(図7)。
切れ端ができるので[調整]→[隠す]を選択して隠し、その後に削除します(図8、9)。

▲図7 (差)ブーリアンして引く

▲図8 切れ端を隠した後に削除する

◀図9 ニーソと足パーツの分割ができた

5 ▶ 嵌合ピンを作って腿と一体化する

プリミティブの立方体(5mm×5mm×15mm)を作って嵌合ピンとします。
嵌合ピンを[調整]→[空間変形]を選択して移動させつつ、腿を抜き取る真ん中位の位置に配置します(図10)。
ピンは、念のために複製しておいて、腿パーツに(和)ブーリアンで一体化します(図11)。

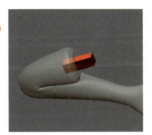
▲図10 嵌合ピンを作る

▲図11 足と嵌合ピンを(和)ブーリアンして一体化する

6 ▶ 腰パーツから腿パーツを(差)ブーリアンで引く

腿パーツを複製して腰パーツから(差)ブーリアンして引きます(図12)。

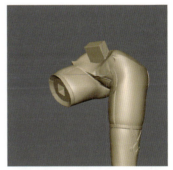
▶図12 腰パーツから(差)ブーリアンして引く

7 ▶ 足とブーツの分割調整をする

ZBrushを開き、靴パーツを[Tool]→[Export]をクリックしてobjをエクスポートします。
3D-Coatを開いてボクセルモードにして、ツリーを追加します。解像度を[16x]にしたら、objをインポートします(図13)。

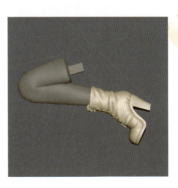
▶図13 靴パーツをインポートする

8 ▶ 腿から靴を(差)ブーリアンして引く

3D-Coatで靴パーツを複製したら、腿パーツから靴パーツを(差)ブーリアンして引きます(図14)。

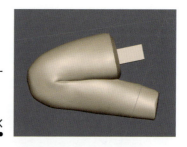

▶図14 腿パーツから靴パーツを(差)ブーリアンして引く

9 ▶ 嵌合ピンを作って腿と一体化する

3D-Coatでプリミティブの立方体(5mm×5mm×15mm)を作って、嵌合ピンとします。
嵌合ピンを[調整]→[空間変形]で移動させつつ、靴との合わせ目の真ん中位の位置に配置します(図15)。嵌合ピンは、念のために複製しておいて、腿パーツに(和)ブーリアンで一体化します(図16)。

 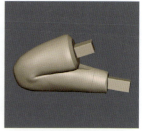

▲図15 嵌合ピンを作る ▲図16 足と嵌合ピンを(和)ブーリアンして一体化する

10 ▶ 靴パーツから腿パーツを(差)ブーリアンして引く

腿パーツを複製して靴パーツから(差)ブーリアンして引きます(図17)。

▶図17 靴パーツから腿パーツを(差)ブーリアンして引く

11 ▶ 嵌合ピンを作って靴紐と一体化する

プリミティブの円柱で直径1mmの棒を作って、嵌合ピンとします。
嵌合ピンを[調整]→[空間変形]で移動させつつ、靴紐との合わせ目の真ん中の位置に配置します(図18)。嵌合ピンと靴紐を(和)ブーリアンして一体化したら複製をして、靴から靴紐を(差)ブーリアンで引きます(図19、20)。ニーソの紐も同様に分割をします(図21)。
片足が終わったら反対の足も同様にして加工します。

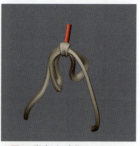 

▲図18 嵌合ピンを作る ▲図19 靴パーツから靴紐パーツを(差)ブーリアンして引く

▲図20 靴紐部分との分割ができた ▲図21 ニーソの紐も同様に処理する

11 手を分割調整する

通常は手側を残し服を削るのが理想ですが、今回は手のアンダー処理をすると袖に大きく穴を開けないといけなく、見た目が悪いため手側を削ることにしました。

1 ▶ 手のパーツを読み込む

ZBrushの体パーツを複製して[SelectLasso]で肘の先当たりのみを表示させます。
SDivが残っていたら[Tool]→[Geometry]→[Del Lower]をクリックして削除します。[Tool]→[Geometry]→[Modify Topology]→[Del Hidden]をクリックして隠した部分を削除したら、[Tool]→[Geometry]→[Modify Topology]→[Close Holes]をクリックして穴を塞ぎます。今切り出した腕パーツと手パーツを[Tool]→[Export]でobjをエクスポートします(図1)。
3D-Coatを開いて、ボクセルモードにして、ツリーを追加して解像度を[16x]にしたらobjをインポートします(図2)。手首に段差がありますので[Voxel Tools]→[埋める]で埋めながらならします(図3)。

▲図1 [SelectLasso]で腕を切りとる

▲図2 3D-Coatに読み込んで一体化する

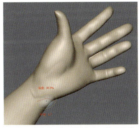

▲図3 [埋める]で埋めながらならす

2 ▶ 袖のヒラヒラ部分を読み込んで一体化する

ZBrushから袖のヒラヒラパーツをエクスポートしたら、3D-Coatに読み込みます。上着パーツに袖のヒラヒラを(和)ブーリアンして、一体化します(図4)。

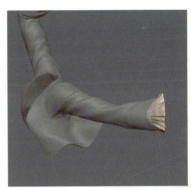

▶図4 3D-Coatに読み込んで一体化する

3 ▶ 上着パーツから手パーツを(差)ブーリアンして引く

手パーツを複製したら、上着パーツから手パーツを(差)ブーリアンして引きます(図5、6)。

▲図5 手パーツを複製する

▲図6 上着パーツから手パーツを(差)ブーリアンして引く

4 ▶ 嵌合ピンを作って手と一体化する

プリミティブの立方体（2mm×2mm×10mm）を作って嵌合ピンとします。
嵌合ピンを［調整］→［空間変形］を選択して移動させつつ、手との合わせ目の真ん中位の位置に配置します（図7）。嵌合ピンと手パーツを（和）ブーリアンして一体化します（図8）。

▲図7 嵌合ピンを作る

▲図8 嵌合ピンと手パーツを（和）ブーリアンして一体化する

5 ▶ 上着パーツから手パーツを（差）ブーリアンして引く

嵌合ピン付きの手パーツを複製したら、上着パーツから手パーツを（差）ブーリアンして引きます（図9、10）。片手が終わったら反対の手も同様にして加工します。

▲図9 複製する

▲図10 上着パーツから手パーツを（差）ブーリアンして引く

12 襟周りを分割調整する

襟周りの調整と顔の首の合わせの調整を行います。

1 ▶ 襟パーツを読み込む

ZBrushで襟パーツを開き、[Tool]→[Export]をクリックしてobjをエクスポートします。
3D-Coatにツリーを追加して解像度を[16x]にしたら襟パーツをインポートします。[調整]→[隠す]を選択して服の首部分の襟で隠れている箇所を隠した後、削除します(図1)。

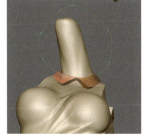
◀図1 [調整]→[隠す]を選択して首部分を隠した後、削除する

2 ▶ 襟と服を一体化して襟の中を埋める

服に襟パーツを(和)ブーリアンして一体化し、[Voxel Tools]→[埋める]を選択して襟の内側を埋めます(図2、3)。

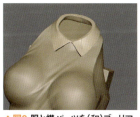
▲図2 服と襟パーツを(和)ブーリアンして一体化する

▲図3 [埋める]で襟の内側を埋める

3 ▶ 顔パーツの首位置を分割する

服パーツの複製をとり、顔パーツから服パーツを(差)ブーリアンして引きます(図4)。
端切れが残った場合、[調整]→[隠す]を選択して隠した後に、削除します(図5)。

▲図4 顔パーツから服パーツを(差)ブーリアンして引く

▲図5 [隠す]で隠した後に削除する

4 ▶ 服パーツから嵌合ピンを (差)ブーリアンして引く

プリミティブの立方体(3mm×3mm×10mm)を作って嵌合ピンとします。
嵌合ピンを[調整]→[空間変形]を選択して移動させつつ、首の真ん中位の位置に配置します(図6)。
嵌合ピンの複製をとり、服パーツから嵌合ピンを(差)ブーリアンして引きます(図7)。

▲図6 嵌合ピンを作る

▶図7 服パーツから嵌合ピンを(差)ブーリアンして引く

5 ▶ 顔パーツに嵌合ピンを付ける

嵌合ピンを顔パーツに(和)ブーリアンして、一体化します(図8、9)。

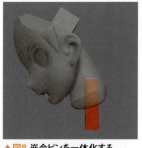

▲図8 嵌合ピンを一体化する

▲図9 嵌合ピンと顔パーツを(和)ブーリアンして一体化する

6 ▶ スカーフを分割調整する

ZBrushからスカーフの首側パーツを開き、[Tool]→[Export]をクリックしてobjをエクスポートします。
3D-Coatに読み込んだら、服パーツに(和)ブーリアンして、一体化します(図10)。

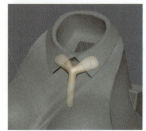

◀図10 スカーフの首側パーツを服パーツに(和)ブーリアンして一体化する

7 ▶ 嵌合ピンを作りスカーフと(和)ブーリアンして一体化する

ZBrushでスカーフパーツを開き、[Tool]→[Export]をクリックしてobjをエクスポートします。
3D-Coatに読み込んだら、プリミティブの立方体(1mm幅)を作って、スカーフパーツに(和)ブーリアンして一体化します(図11、12)。

▲図11 嵌合ピンを作りスカーフと(和)ブーリアンして一体化する

▲図12 スカーフの位置を確認する

8 ▶ 服パーツからスカーフパーツを(差)ブーリアンして引く

3D-Coatでスカーフパーツの複製をとり、服パーツからスカーフパーツを(差)ブーリアンして引きます(図13)。

▲図13 服パーツからスカーフパーツを(差)ブーリアンして引く

13 武器パーツを分割調整する

メカパーツについてはZBrushで制作時にパーツを細かくばらしていますので、作業は難しくはないと思います。ここまでに解説した体パーツの作成の技術で問題なくパーツ分割できるはずですので、武器パーツの説明は簡潔に解説します。

1 ▶ 3D-Coatの解像度の設定とツリー構成の確認

メカパーツはエッジをなるべく維持したいので、解像度を上げて作業します。3D-Coatを開いてボクセルモードにし、解像度を[32x]に設定したらobjをインポートします(図1)。以降、武器パーツのインポートの場合は、解像度を[32x]に設定してください。またツリー構成は、[武器]フォルダーの下にパーツを読み込んでくるようにしてください。後の工程で武器パーツを丸ごと位置調整するために必要です。

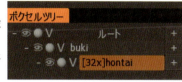
▲図1 解像度を[32x]にする

2 ▶ 武器全体のパーツ構成を確認する

3D-Coatにおける武器全体のパーツ構成は図2になります。以後この図を参考にして解説します。

▲図2 武器全体のパーツ構成

3 ▶ 武器全体のパーツ構成

ZBrush上でY軸に沿った位置のデータを使用します(図3)。この位置のまま3D-Coatに読み込み、可動になっているか検証します。

◀図3 ZBrush上でY軸に沿ってモデリングしたものを使う

4 ▶ 3D-Coatにパーツを読み込む

図4、5、6、7を参考にして3D-Coatのそれぞれ別ツリーに読み込みます。

▲図4 後ろ部分

▲図6 刃の部分

▲図5 銃本体

▲図7 回転部分

5 ▶ 可動検証をする

図2の緑色パーツの可動検証をします。
3D-Coatで[調整]→[空間変形]を選択して、ツールオプションで[ギズモのみ移動]をon、[軸の回転を残す]をonにしたら、ギズモ（中心軸のバー）を回転軸に合わせます（図8、9）。

> **memo ギズモの設定**
> [ギズモのみ移動]をonにするとギズモのみが動き、offにするとオブジェクトが動きます。

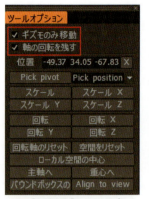
▲図8 [空間変形]のツールオプション

▲図9 ギズモの軸を合わせる

6 ▶ パーツを回転させる

3D-Coatの[調整]→[空間変形]のツールオプションで[ギズモのみ移動]をoff、[軸の回転を残す]をonに設定して、ギズモの扇状のところをドラッグしつつ、図1の緑色パーツを90度回転させます（図10）。[Ctrl]キーを押しつつ、回転させると45度ずつ回転します（図11）。

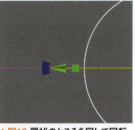
▲図10 扇状のところを回して回転させる

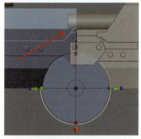
▲図11 干渉しているところがある

7 ▶ パーツを修正する

ここで、図11を見ると干渉している部分があります。このままではパーツが回転できません。
一番簡単に調整する方法としては、図2の緑色の刃を短くすることです。そこでZBrushに戻って数ミリ長さを短くします（図12）。
図12では銃口が少し干渉していますが、これは故意にしています。表面処理の時に長さが足りないのを調節するより長いものを削りつつ調節したほうが楽なため0.2mm干渉させました。

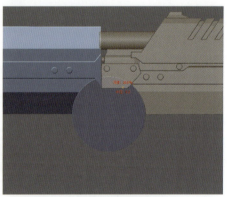
▲図12 刃のパーツを修正して再度確認する

8 ▶ 回転部分に軸を入れる

回転部分に軸を入れます。ここでは、ネジパーツの径が3.5mmと丁度よかったため、それを利用します（図13）。

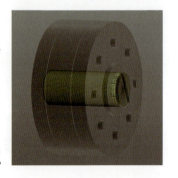
▶図13 回転軸を作る

9 ▶ 軸を作ってパーツを分割する

まず回転軸と図2のオレンジ色パーツを一体化します。次に図2の青色パーツにへこみを作ります。その際、深さ2mmにするとパーツの肉厚が薄くなり、破損の可能性があるため、深さ1mmのところで嵌合ピンをカットしています（図14、15）。嵌合の深さは最低2mmないと嵌合ピンが抜け落ちることもあります。
嵌合ピン付きの図2のオレンジ色パーツができたら複製して、図2の青色パーツから(差)ブーリアンして引きます（図16）。同様に図2の緑パーツも処理します。

▲図14 ブーリアンをする

▲図15 軸を嵌合1mmの深さにする

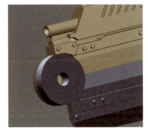
▲図16 軸を(差)ブーリアンして引く

10 ▶ 銃全体の位置を移動する

3D-Coatの利点の1つに、ツリーでデータを管理していることがあります。ここではそれを利用して親ツリーを移動して銃の複数パーツを一気に移動します（図17）。
銃のツリーの親を選択して、[調整]→[空間変形]のツールオプションで、[ギズモのみ移動]をoff、[軸の回転を残す]をonに設定して（図18）、銃全体を手の位置に移動させます（図19）。

▲図17 ツリーの親を選択して移動する

> **caution!** 移動について
> 移動をさせると解像度が多少変化してしまうことがあります。

▲図18 [空間変形]のツールオプション

▲図19 銃を丸ごと移動させる

11 ▶ 銃の取っ手部分にある布を分割調整していく

ZBrushから銃の取っ手部分の前側の布をエクスポートし、3D-Coatに読み込んだら、図2の青色パーツに(和)ブーリアンして一体化します（図20）。

▶図20 銃の取っ手部分にある布を分割して調整する

12 ▶ おかもちにつながる布を分割調整する

ZBrushからおかもちにつながる布を一体化しておいて、エクスポートし、3D-Coatに読み込んだら一旦複製をします。次に、図2の青色パーツから布パーツを(差)ブーリアンして引きます(図21、22)。

▲図21 銃から布パーツを(差)ブーリアンして引く

▲図22 (差)ブーリアンで引く

13 ▶ パーツを切り分ける

3D-Coatの[調整]→[隠す]を選択して、後ろ部分を隠して、[Geometry]→[隠した部分を切り離す]を選択して、別ツリーに切り分けます(図23、24)。

▲図23 [調整]→[隠す]を選択して囲む

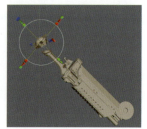
▲図24 切り分けられた

14 ▶ 芯の嵌合ピンを作る

3D-Coatでプリミティブの立方体(2mm×2mm×10mm)を作って嵌合ピンとします。
嵌合ピンを[調整]→[空間変形]を選択して移動させつつ、取っ手の真ん中あたりに配置します(図25)。
嵌合ピンを複製して、図2の青色パーツに(和)ブーリアンして一体化します(図26)。図2の赤色パーツと図2の黄色パーツは今作った2mmピンで(差)ブーリアンをして引きます(図27)。

▲図25 嵌合ピンを作る

▲図26 嵌合ピンを(和)ブーリアンして一体化する

◀図27 2mmピンで(差)ブーリアンして引く

15 ▶ 銃後ろの球の部分を分割調整する

ZBrushから後ろの球部分のみをエクスポートして、3D-Coatに読み込みます(図28)。
球部分の複製をしたら、6角形部分から(差)ブーリアンして引きます(図29)。

▲図28 球の部分をインポートする

▲図29 (差)ブーリアンして引く

16 ▶ 銃の後ろの球部分とヒラヒラ部分を一体化する

ZBrushから銃の後ろのヒラヒラ部分をエクスポートして、3D-Coatに読み込みます。球部分とヒラヒラ部分を（和）ブーリアンして一体化します（図30）。

◀図30 （和）ブーリアンして一体化する

17 ▶ 球部分裏を分割処理する

6角形部分を複製して、球部分から6角形部分を（差）ブーリアンして引きます（図31、32）。

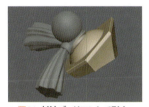 

▲図31 （差）ブーリアンして引く　　▲図32 球部分の裏が分割処理される

18 ▶ 武器と手を一体化する

通常のフィギュアの場合は手と武器は別パーツにするところですが、ここでは別パーツにすると、おかもちと布の重さで位置が固定できない可能性があったため、手は武器に固定しました。
銃本体と右手を（和）ブーリアンして一体化し、[Voxel Tools]→[埋める]を選択して隙間を埋めます（図33、34）。

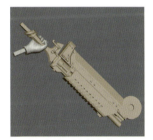 

▲図33 武器と手を（和）ブーリアンして一体化する　　▲図34 [埋める]を選択して隙間を埋める

19 ▶ おかもちを分割調整する

おかもちの取っ手（布の付いてるほう）を複製してから、おかもちの本体から取っ手を（差）ブーリアンして引きます（図35、36）。

▲図35 おかもちから取っ手を（差）ブーリアンして引く　　▲図36 （差）ブーリアンの処理後

20 ▶ 分割の終了

分割を終了した全体展開図です（図37）。

▲図37 全体展開図

14 3Dプリンター用データ制作のルール

3Dプリンター用に作成するデータのルールについて解説します。

3Dプリントするデータは立体として出力する都合上守らねばならないルールがあります。

- ■ 入稿時のエラーデータについて
- ■ ファイル形式について
- ■ データ容量について
- ■ データ入稿時のモデルサイズ
- ■ その他

▶入稿時のエラーデータについて

ポリゴンの面には厚さが存在しないので、面が閉じている体積のある状態である必要があります。

筆者が解説している3D-Coatによる分割を行った場合は、「面が閉じていない」ということはまずないと思いますが、ポリゴンモデラーのみで完結させたモデルなどは、ポリゴンポイントが同じでも引っ付いておらず面が閉じていないというデータもよく見かけました（図1、2）。

データをチェックするソフトとしてはMiniMagics（無償版）というものがあります。ただしMiniMagicsはエラーチェックのみで、補正機能はありません。

▲図1 メッシュが空いていると立体出力できない

▲図2 メッシュを閉じる

> **memo MiniMagics**
> MiniMagicsのダウンロードサイトは以下の通りです。
> ・MiniMagics 3.0
> URL http://www.materialise.co.jp/MiniMagics3.0J

▶ファイル形式について

通常は、「STL形式」か「OBJ形式」でデータを納品します。フィギュア業界でよく利用されている立体出力機器のProJet 3500 HDMaxの場合は、テクスチャー情報はなくなりますので不要です。フルカラー石膏の3Dプリンターの場合は、テクスチャー情報も必要です。

▶データ容量について

立体出力業者によっては全パーツ50MBまでのところから、1GBまで対応可能なところまでさまざまですので、業者のサイトで確認してください。筆者の場合は、100～300MBに収めることが多いです。

▶データ入稿時のモデルサイズについて

　立体出力機器によって出力可能なトレイサイズがありますので、そのサイズ内に収まるようにします。もしも、オブジェクトのサイズが大きすぎて入りきれない場合は分割します。

　トレイへの配置については、立体出力業者によってまちまちなのですが、OBJデータをすべて「ばら」で納品して、出力業者側で立体出力機器のトレイサイズに効率よく（価格が安くなるよう）配置してくれる業者と、依頼者が配置したデータを納品する必要がある場合とがあります（図3、4）。

　例として、ProJet 3500 HDMaxの場合は、トレイサイズが298×185×203mmですが、自分で配置したデータを作る時はサイズギリギリまで使うと出力不良を起こす場合もあります。最低でも端の余白5mmは使わないように配置してください。

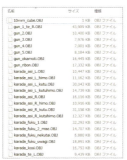

▲図3 全パーツを「ばら」で納品　　▲図4 パーツを配置して納品

▶データ入稿時に同封しておくとよいもの

　その他として、データ入稿時に同封しておくとよいものを説明します。

- 10mmキューブを入れる
- パーツ数がわかる展開画像を入れる

▶10mmキューブのデータについて

　10mmキューブのデータを納品時に入れておきます。これを入れることによって、業者がサイズが間違っていないか確認できます。

　事例として、ポリゴンモデラーで作ったものを最後にスケール調整して納品してきたものが1/10サイズになっていたことがあります。業者はそれが正確なサイズなのか、スケールがずれているのか、判断できません。そのため目安になる10mmキューブを入れておきます。

　また、10mmキューブだけ別のソフトで作って添付される方もいますが、それでは意味がありませんので、モデルを制作したソフト内で作った10mmを添付してください。

　間違えて立体出力されないように、出力業者に依頼するメモには「サイズ確認用のデータですので、10mmキューブは出力しないでください」とただし書きを入れておきましょう。

▶パーツの展開図

　パーツ数のわかる展開図の画像を添付しておけば、業者がパーツ不足の確認ができます（図5）。

◀図5 展開図

▶立体出力の依頼書

　立体出力を依頼する場合は表1の4項目は必ず書いておいてください。出力機器の名称、依頼する積層精度、パーツ数、使用ソフトなどの情報が必要です。

立体出力依頼書	
出力機器	ProJet 3500 HDMax
精度	UHDモード（29μ）
パーツ数	50パーツ
使用ソフト	ZBrush

▲表1 立体出力の依頼書

15 データ納品前のチェック

3Dプリンター出力用のデータ納品する前にポリゴンのゴミをとってデータの軽減をする必要があるので、その方法を解説します。

▶ポリゴンのゴミ取りをする

ワークフローによってはポリゴンの端切れが発生していることがあるので除去をします(図1)。

memo ポリゴンのゴミを除去する理由

「なぜゴミとりが必要なのか」というと、例えばエラーチェックソフトでは1ポリゴン等の面が閉じていないデータはチェックできますが、面が閉じた極微小なデータはモデルデータなのかゴミなのかは判断できません。それが1000個あった場合、当然そのエラーチェックにもかなりの時間がかかります。
そのため、制作者が必要なデータのみをあらかじめ選別しておきます。

▲図1 ポリゴンゴミ

1 ▶ メッシュがつながっている箇所をポリグループで分ける

ZBrushの[Tool]→[Polygroups]→[Auto Group]をクリックしてメッシュがつながっているもの同士をポリグループで分けます(図2)。

▲図2 [Auto Group]をクリックしてグループを分ける

2 ▶ 残したいオブジェクト以外を隠してポリゴンゴミを削除する

[Ctrl]+[Shift]キーを押しながらブラシサムネールをクリックして、パレットを展開し、[SelectRect]を選択します。[SelectRect]で、[Ctrl]+[Shift]キーで残したいオブジェクトをクリックすると、残したいオブジェクト以外が隠されます。[Tool]→[Geometry]→[Modify Topology]→[Del Hidden]をクリックして隠されているゴミを削除します(図3)。

▲図3 ポリゴンのゴミを削除をした結果

memo ポリゴンのゴミを削除する時に[Groups Split]は使わない

[Auto Group]でポリゴンのゴミをグループ分けして、[Tool]→[SubTool]→[Split]→[Groups Split]をクリックしてポリグループごとに[SubTool]のオブジェクトを分ける方法もありますが、おすすめはできません。
なぜかというと、例えばポリゴンゴミが100個あったとすると、[SubTool]内がポリゴンゴミで100個分埋まってしまい、削除するのが非常に面倒になるからです。

▶データの軽減化

デジタル原型データは、そのままのデータのではかなりのハイポリゴンになっています（1パーツ500MB〜1GBになることもある）。

データが重くなりすぎると立体出力機器の受け付け容量を超えてしまうので、データを軽減化します。

ZBrushには[Decimation Master]という、形状をなるべく保ったままポリゴン数を削減できる優秀なプラグインが装備されていますのでそれを使います。

1 ▶メニューを開く

[Zplugin]→[Decimation Master]を選択してメニューを開きます（図4）。

▶図4 [Decimation Master]のメニュー

2 ▶アクティブになっている[SubTool]内のオブジェクトの解析をする

削減の手順は、「形状、トポロジーの解析」→「削減レベルの設定」→「削減」となります。

まず、[Pre-process Current]をクリックしてアクティブになっている[SubTool]内のオブジェクトの解析をします。解析を開始するとステータスがウィンドウ上部に表示されますので（図5）、表示が消えるまで待ちます。

▲図5 進行度合いがバーで表示される

3 ▶削減率を設定する

解析が終わったら、表1の項目で削減率を設定します。通常は[% of decimation]の設定のみで問題ありません（図6）。筆者の場合、デジタル原型の出力データは1パーツにつき20万〜35万Pointsを目安にしています。

細かいディテールの多いパーツでは50万Pointsを割り当てたほうがよいこともあります。

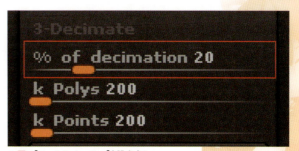

▲図6 [% of decimation]を設定する

> **memo データの容量**
> 現状では、大きなデータを送っても3Dプリンターの出力機の受け付けるデータ容量の制限があることや、納品した際にMagicsでエラーチェックされる際に軽減化をすることが多いので、大きなデータである必要はありません。

項目	説明
% of decimation	現在の分割状態を100%として割合指定で削減率を指定できる

▲表1 削減率を設定する項目

4 ▶ 削減を行う

[Decimate Current]をクリックすると、削減が実行されます。
削減率を変更したい場合は[% of decimation]の数値を変えて[Decimate Current]をクリックします（図7）。
解析データは、別のパーツを選択して[Pre-process Current]をクリックする、[Delete Caches]をクリックして解析データを手動で削除する、もしくはZBrushの再起動するまでは有効です。

▲図7 [Decimate Current]をクリック

5 ▶ 削減の結果を確認する

削減を実行したら、モデルの形状が崩れていないか、メッシュで削減加減が問題ないかについて確認します（図8、9、10、11）。削減しすぎる数値にすると、モデルの形状が崩れてきますので、必ず確認してください。

> **memo 全パーツを一括で軽量化する方法**
>
> [Pre-process Current]をクリックしてから、[Decimate All]をクリックして、すべてパーツを一気に軽減化する方法もあります。ただし、処理に時間がかかったり、突然落ちたりすることもあるためできるなら1個ずつ処理したほうが望ましいです。

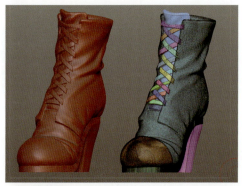

▲図8 削減なし

▲図9 20％まで削減したもの。形状は削減前と変わらない

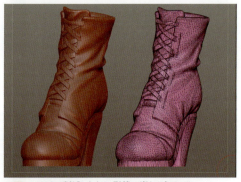

▲図10 1％まで削減したもの。形状が崩れてきている

> **memo クリアランスについて**
>
> 工業製品にはクリアランスというパーツ同士に隙間があります。この隙間が「0」の場合、パーツ同士は嵌め合いができません。アナログ原型ができるのであれば、クリアランスは「0」で立体出力後にパーツを削ってすり合わせるのですが、メーカーによっては出力直後に仮組みを行いたいので「クリアランスを付けてください」と言ってくるケースもあります。そのため、クリアランスを付ける方法を紹介します。
> 3D-Coatでパーツの(差)ブーリアンでクリアランスを付ける場合は、(差)ブーリアンをする前に、抜きパーツのボクセルツリーを右クリックして、メニューから[全体押し出し]を選択します。数値入力画面でクリアランス数を入力して、[OK]ボタンをクリックし、膨らませたもので(差)ブーリアンをします。

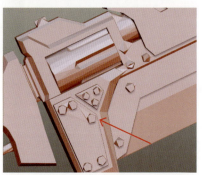

▲図11 削減しすぎて形状が崩れている

CHAPTER 08

フィギュア制作で利用する3Dプリンター

この章ではフィギュアなどを出力できる
代表的な3Dプリンターについて紹介します。

01 3Dプリンターの種類について

現在多くの3Dプリンターがあります。それらについて紹介します。

ざまな3Dプリンターが登場していますが、製造業で使われている種類は以下となります（図1）。

| インクジェット方式 | 光学造形方式 | 石膏方式 |

| 熱溶解積層方式 | 粉末焼結積層方式 |

▲図1 3Dプリンターの種類

▶インクジェット方式

　紫外線で硬化する樹脂をインクジェット方式で噴射し、ローラーで表面を整えます。その後、紫外線を当て硬化させ層を積み上げていく方式です（図2）。オブジェクトの下面に支えとなるサポート材というものが通常付きます。

　高精度ですがその反面、機械の値段は高額なため、立体出力する場合、出力は業者に依頼することになります。

　機器の種類としてはProjet 3500 HDMax（HD3000、HD3500）等があります。

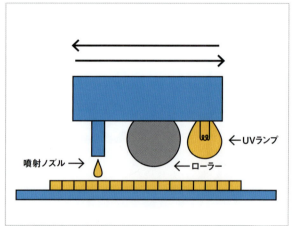

▲図2 インクジェット方式のイメージ

02 立体出力の工程

フィギュア関係ではほとんどがProJet 3500 HDMax 関連を使用していますので、この機器の立体出力の工程も説明します。

ProJet 3500 HDMaxの作業工程

1 ▶ objデータを自動修正する

顧客から届いたobjデータをMagics（データ修正・編集機能を持ったソフト）でデータのエラーがないかチェックと自動修正をします（データが自動修正できない場合は顧客に返送してデータを修正してもらう）。

> **memo　MiniMagics**
> MiniMagicsという個人でも使用できるフリーソフトもあります。エラーチェックや寸法・形状確認のみに制限されており、データ修正機能はありません。
> URL http://www.materialise.co.jp/MiniMagics3.0J

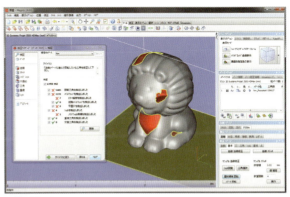

▲図1 Magics

2 ▶ 立体出力をする

ProJet 3500 HDMaxにデータを送り立体出力します（図2、3、4）。出力できるトレイのサイズは約298×185×203mmになります。

> **memo　出力の精度とかかる時間**
> 高さ1cmの立体出力品を出力するのに各精度でどのくらいの時間がかかるかの目安は表1のとおりです。
>
> | モード | 積層ピッチ | 時間 | 制作できる長さ |
> |---|---|---|---|
> | HDモード | 0.032mm | 約2.5時間 | 1cm |
> | UHDモード | 0.029mm | 約 5時間 | 1cm |
> | XHDモード | 0.016mm | 約10時間 | 1cm |
>
> ▲表1 出力精度／時間／制作できる長さなど

▲図2 ProJet 3500 HDMax本体

▲図4 操作パネル

◀図3 ProJet 3500 HDMax立体出力部分。この中に金属トレイを置き、そこへ立体出力がされる

3 ▶ サポート材を溶かす

立体出力が終わったら専用のオーブンに入れてサポート剤を溶かします（図5、6）。

▲図5 取り出した出力品を約60℃のオーブンに入れてサポート材を落とす　▲図6 オーブンの中の様子

4 ▶ 細かいサポート材を溶かす

細かい部分に入り込んで溶かしきれなかったサポート材を約60℃の油の中に漬けて落とします（図7）。

▲図7 約60℃の油の中に入れて落としきれなかったサポート材をさらに落とす

5 ▶ 油を除去する

家庭用洗剤等と歯ブラシを使い油を除去すると終了です（図8）。

▲図8 歯ブラシを使って細かい部分の油分を除去する

▶光学造形方式

　紫外線で硬化する樹脂液を樹脂プールに満たし、レーザーを当て層を成形します（図9）。
　この出力機器の特徴としては、出力オブジェクトにプラモデルのランナーのような柱を複数取り付ける必要があるため出力後にそれらを除去する必要があります。3Dプリンター黎明期の頃から存在する歴史の長い方式です。通常品は数百万円と高価ですが、近年個人でも手の届くForm 1（発売当時40万円）が発売されました。
　機器の種類としてはDigital WAX、Form 1などがあります。

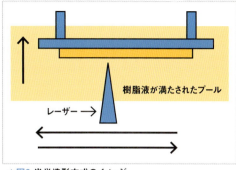
▲図9 光学造形方式のイメージ

▶熱溶解積層方式

　樹脂を溶かし、層を積み上げていく方式になります（図10）。
　近年特許の期限が過ぎた関係で10万円前後の低価格機が増えて個人でも手が届くようになりました。
　積層ピッチは他方式より劣るため原型使用には無理がありますが、材料費も安くキャラクター1体当たり2000〜5000円で出力できるためフィギュアのボリュームテスト出力等には手軽に使える利点もあります。
　機器の種類としてはZortrax M200、UP! Plus2 などがあります。

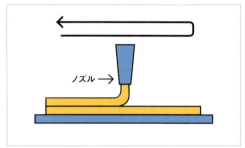
▲図10 熱溶解積層方式のイメージ

▶石膏方式

　石膏の粉で平面を作り、接着液をインクジェット式に噴射して層を積み上げていく方式になります（図11）。機械によってはインクによる着色も同時にできます。
　3Dプリンターでは唯一フルカラー出力ができますが、石膏素材のため壊れやすく、1.5mm以下のディテールは再現しにくいです。また、表面がざらざらした印象があります。
　機器の種類としてはZPrinter 650などがあります。

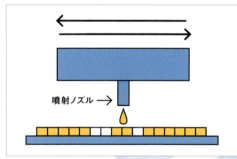
▲図11 石膏方式のイメージ

▶粉末焼結積層方式

　粉末材料で平面を作り、レーザーによって焼き固め層を積み上げていく方式になります（図12）。
　レーザーで固めるため強度は出ますが表面は粗いです。また、機械が大掛かりで高価になるため個人で導入するのは非現実的です。
　金属粉末を使い金型製作等に使われますが、現状では、金型を機械で彫ったほうがはるかに価格が安いため、まだあまり実用化はされていません。
　機器の種類としてはRaFael550などがあります。

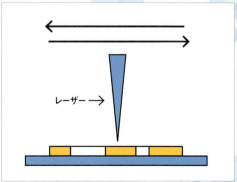
▲図12 粉末焼結積層方式のイメージ

Column

▶作成するスケールフィギュアの背面

ここでは本書で作成するフィギュアの背面を紹介します。背面のディテールにもこだわっています。
正面イラストしか資料がないフィギュアを制作する場合、背面のデザインは原型師のつちかってきた経験とセンスと元に、デザインと構図を落とし込む必要があります。ある意味、こういう部分が原型師の腕前が試される部分です。

CHAPTER 09

立体出力品の表面処理

この章では立体出力品の表面処理について解説します。

01 パーツを確認する

パーツ不足や破壊されている部分がないかを確認します。

1 ▶ 納品物の確認

出力業者から立体出力品が届いたら、まずはパーツ数と破損がないかを確認してください。
フィギュアのことをよく知らない業者に依頼すると、サポート材を強引に削り取っているところもあり、ディテールが削れていた等のトラブルもあるようです。

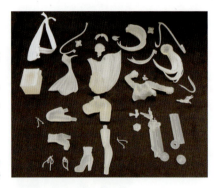

▶図1 届いたパーツ

2 ▶ 仮組みをする

嵌合部分のパーツ同士の組み合わせの不具合や全体の歪みについて確認するためにまずは仮組みを1度します（図2、3、4、5）。
嵌合部分の合わせがきついのに無理に押し込むとパーツが折れてしまう場合があるので、嵌合が入らない場合はピンを削って調節して組み立ててください。
仮組みしてキャラクターの造形ラインを修正する時は、手作業で修正します。

▲図2 仮組みした状態（正面）　▲図3 仮組みした状態（正面拡大）

▶図4 仮組みした状態（右側）

▶図5 仮組みした状態（左側）

02 積層痕を確認する

積層痕の説明をします。

1 ▶ 積層痕を確認する

立体出力品はここ5年で精度が格段に上がりましたが、現状ではまだ表面に積層痕ができてしまいそれを表面処理してならす必要があります（図1）。
また、立体出力時にサポート材（ワックスのようなもの）がアンダー部分につきますが、その境界線に0.2mmほどの段差ができますのでそれも表面処理してならす必要があります（図2、3、4）。

> **memo** 積層痕とは
> 3Dプリンターは樹脂をマイクロ単位で積層しています。その段差が現状では木の年輪の様な感じでできてしまいます。これを積層痕・積層線・積層段差などと言います。樹脂がマイクロ単位の階段状になっているものとイメージしてください。

▲図1 積層痕

▶図2 サポート材がついているもの

▶図3 サポート材の境界線（上着）

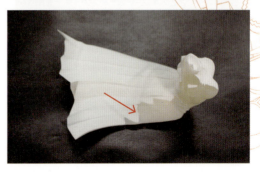
▶図4 サポート材の境界線（スカート）

03 油分を除去する

「第8章 フィギュア制作で使用する3Dプリンター」で解説したように、立体出力品はサポート材除去の際に油を使っています。落としきれていない油が残っていると、塗料が剥がれ落ちてしまう可能性があるため、念のために洗い直します。

1 ▶ 模型メーカーの溶剤を使う場合

ガイアノーツ株式会社が販売する「T-03h レジンウォッシュ」を使います。
使い方としては、まずレジンウォッシュを容器に移し、そこにパーツを10分ほど浸けた後、歯ブラシで細かい隙間の油分を取り除いて、終わったら中性洗剤で綺麗に洗います（図1、2）。
直接手で触れると手が荒れるため必ずゴム手袋をつけてください。

> **caution!** 溶剤を入れる容器について
> プラスチック製の容器は使用しないでください。容器が溶ける場合があります。

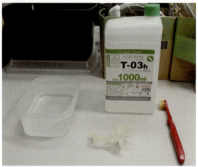
▲図1 T-03h レジンウォッシュ

▶図2 浸け置きしてから歯ブラシで磨く

2 ▶ キッチン用のクリーナーを使う場合

キッチン用クリーナーで油分除去もできます。例えば市販のキッチンクリーナーはスーパーでも手に入りやすいのが利点です（図3）。
使い方は、容器にパーツを入れてキッチンクリーナーを噴射すると泡が出てきますので、全体にまぶして15分ほど放置します。
次に、パーツを裏返してから、もう一度噴射して15分ほど待ちます。
泡がなくなったら下に液が溜まっているのでそれを使い、歯ブラシで細かい隙間の油分を落として、水で綺麗に洗い落とします（手が荒れるので必ずゴム手袋をすること）。

▶図3 市販のキッチンクリーナー

04 表面処理に必要な道具

3Dプリンターで出力したフィギュアの表面処理に必要な道具を紹介します。

表面処理に必要な道具は以下の通りです（図1）。

- ・カッター
- ・アートナイフ
- ・ドリルの刃
- ・ピンバイス（手動のドリル）
- ・ケガキ針
- ・彫刻刀
- ・サンドペーパー
- ・真鍮線
- ・サフェーサー（スプレータイプ、瓶タイプ）
※なお、図1には商品を掲載していない

▲図1 表面処理に必要な道具

1▶表面処理の道具を揃える

道具については、専門的な工具を揃えると費用もかかりますので、ここでは最低限必要な道具について紹介します（表1、図2）。

道具名	説明
カッター	パーツを削ることや、簡単な加工をする
アートナイフ	刃先の尖ったカッター。細かい部分の細工に利用する
ドリルの刃	パーツ同士を真鍮線で繋ぐための穴を開ける
ピンバイス	手動のドリル
ケガキ針	先の尖った針

▲表1 道具

▲図2 カッターやピンバイス

2▶カッターを利用する

カッターは普通に市販されているカッターと、大刃のものがあるとよいです。
細かい部分の細工にはアートナイフを使います。

3▶ピンバイスを利用する

ピンバイスは手動のドリルです。ドリルの刃を替えられるものにしましょう。
最初のうちは、ドリルの刃は1mm、2mmのみ、揃えておけばよいです。
用途は、パーツ同士の勘合部分を補強する真鍮線を繋ぐための穴を開けます。
真鍮線も1mm、2mmのみあればとりあえずは問題ありません。

> **memo 真鍮線とは**
> 真鍮でできた針金です。鉄でできた通常の針金とは異なり、錆びないのと、鉄よりは柔らかいためフィギュアのパーツ同士の固定の補強心材として使います。

4▶ケガキ針を利用する

ケガキ針はすじ彫りを引き直す時に使用します。慣れるまでは使うのが難しいので、いきなり本番で利用せず、まずは練習してください。

5 ▶ 彫刻刀を利用する

一般的なサイズの彫刻刀と、三木章刃物「パワーグリップ彫刻刀」の平刀、丸刀、三角刀、印刀があるとよいです（図3）。
特に、パワーグリップ彫刻刀の印刀2mmと平刀の2mmは、かなり使えますので、購入することをおすすめします（図4、5、6）。
用途は、すじ彫りを直したり、平刀で嵌合の裏側の面処理をしたりする時に利用します。

▲図3 彫刻刀

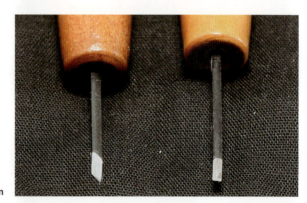
▶図4 印刀2mmと平刀の2mm

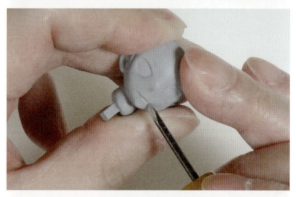
▶図5 印刀2mm使用例。口のラインを掘り込む

▶図6 平刀の2mm使用例。嵌合の内側を削る

6 ▶ サンドペーパーを利用する

立体出力品の表面処理に使用します(図7)。
サンドペーパーは全般的にどこを磨くのにも使えますが、スポンジ研磨材はキャラクターの体や髪の毛等のエッジの少ない緩やかなラインを磨くのに適しています。
番手は#400、#600、#800があればよいです。
番手の用途としては、#400が荒く削る用で、#600が通常の磨き用、#800が仕上げ磨き用となります。

▲図7 サンドペーパーとスポンジ研磨材

> **memo 健康被害について**
> サンドペーパーを使用すると削りかすの粉が大量に出てきます。この粉を吸わない対策として、筆者は耐水ペーパーの使用をおすすめしています。耐水ペーパーであれば水をつけながら磨くので粉が舞う心配がなく、「削りかす」の処置も容易になります。

7 ▶ サーフェイサーを利用する

表面を磨いた後にサーフェイサーを吹き付けて原型の細かい傷を埋めて表面を滑らかにします。
普通の塗料と違い、サーフェイサーは「パテを薄めたような塗料」なので、厚吹きのしすぎは厳禁です。
筆者がよく使うのは表1になります(図8)。スプレーの名前にのっている数字は番手を示しています。

▶図8 さまざまな種類のサーフェイサー

製品名	説明
Mr.サーフェイサー1000 スプレー(B505)	最初に発売されたタイプで、グレー色が少し濃い目である。比較的表面がツルツルに仕上がるため、筆者はこのスプレータイプが好みである
Mr.サーフェイサー1000 スプレー(徳用)(B519)	#1000のお徳用の大缶タイプ。色は若干薄いグレーで表面が多少かさつく
Mr.サーフェイサー1200 スプレー(徳用)(B515)	#1200のお徳用の大缶タイプ。#1000より若干目が細かくなる
Mr.ホワイトサーフェイサー1000(B511)	#1000のお徳用の大缶タイプ。こちらは白色になる

▲表1 株式会社GSIクレオス製のスプレー

05 サーフェイサーを吹き付ける

立体出力品は半透明で表面処理をしても磨けているかわかりにくいため、一度サーフェイサーを軽く吹き付けます。このサーフェイサーは表面処理ができているかの確認のためだけに吹き付けていますので、軽く吹き付ければ問題ありません。表面処理で削いでしまいますので、筆者は「捨てサフ」と言っています。

1 ▶ サーフェイサーを吹き付ける

近くで一気に吹き付けるのではなく、20～30cmほど離して、全体にかかるように吹き付けてください（図1、2）。一部分だけ集中するとその部分の塗料膜が分厚くなってディテールが甘くなります。

▲図1 サーフェイサーを軽く吹き付ける

2 ▶ 乾燥させる

吹き付けたら乾燥させます（図2）。

▲図2 吹き付けたら乾燥させる

06 立体出力品の表面処理の仕方

立体出力品の表面処理の仕方について解説します。

「顔の磨き方はこう」「スカートの磨き方はこう」と1つずつ取り上げて解説していっても、磨き方のパターンはそう多くはありませんので同じ説明の繰り返しになってしまいます。
そのため、本書では個別の磨き方の説明よりも、基本的な磨き方と磨き分けについて解説します。

▶表面処理の方向について

立体出力品には積層線があります。その積層線には方向がありますが、サンドペーパーをかける時には積層線と平行には磨かないでください（図1、2）。
積層線に対して平行に表面処理をしてしまうと、積層線をそのままなぞっていることと同じになり、いつまでたっても、線が消えてくれません（図3）。
面処理をする目的は、この積層線の凸を削り落とすことなので、「単純に磨けばよい」というのではないということを意識してください。

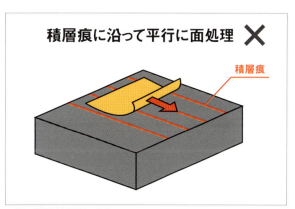
▲図1 積層線と平行に磨くのはNG

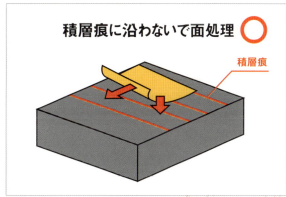
▲図2 積層線と平行にしないで磨くのはOK

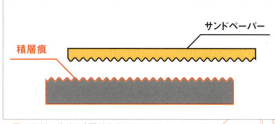
▲図3 平行に磨くと積層線をそのままなぞっていることになる

▶ 磨き方

磨き方についても、「緩やかにしたい部分なのか」「シャープにしたい部分なのか」によって、サンドペーパーの使い方を変えると綺麗に磨けます。

1 ▶ 指の腹で磨く

体の肌部分等の緩やかなラインを出したい時には、サンドペーパーを指の腹を押し当てて磨きます（図4、5）。
さらに、スポンジ研磨材を使って磨くと、より綺麗にならせます。

▶図4 指の腹で磨く

▶図5 使用例。肌の滑らかなラインを磨く

2 ▶ 指先で持って磨く

メカパーツのエッジを残したい時などは、サンドペーパーの先を折って強度を高くしておいてから指先（爪）で持って磨きます（図6、7）。

▶図6 指先で持って磨く

▶図7 サンドペーパーの切れ端の部分を使ってエッジを磨く

3 ▶ ピンセットで磨く

細かく奥まった部分を磨きたい時は、サンドペーパーをピンセットで挟んで磨きます（図8）。

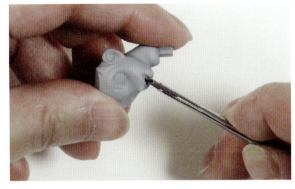

▶図8 ピンセットを使って磨く

4 ▶ 板に巻いて磨く

大きい面積の平らな面を磨きたい時は、板にサンドペーパーを巻いて磨きます（図9）。

▶図9 板にサンドペーパーを巻いて磨く

5 ▶ へらに巻いて磨く

細かな面積の平らな面を磨きたい時は、サンドペーパーをへらに巻いて磨きます（図10）。

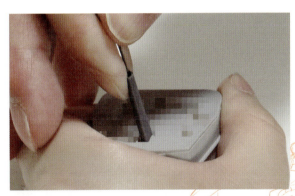

▶図10 へらに巻いて磨く

6 ▶ スポンジ研磨材で磨く

緩やかなラインを磨くのに使用します（図11）。

▶図11 スポンジ研磨材の使用例

07 ディテールを調整する

立体出力後にラインの修正やディテールの追加を行います。

　デジタル原型を立体出力すると、イメージしていたものとラインが違っていることが「まま」あります。そういう場合は、手作業で調整をします。
　逆に言うと、手作業ができる方ならば、CGで手間のかかりそうなラインは立体出力してから手作業で調整することを前提としたデータの作り方をすることも可能です。
　図1と2は、顔の頬のラインを面処理で調整しているところと、インナーのサイドの縫い目のすじ彫りを入れているところです。

▲図1 頬のラインを微調整する

▲図2 服の縫い目のすじ彫りを入れる

> **memo 立体出力後の手修正**
> CGで追いきれなかったラインは、立体出力後に手作業で修正することもあります（図3）。

▶図3 お尻のラインをポリパテで修正している

> **caution! 細かなところまで手を抜かないこと**
> 立体出力品の表面処理をする場合、パーツの裏側や嵌合の裏側をきちんと磨いていない場合が見受けられます。
> 綺麗に磨いていないと生産時に成型不良の原因になりかねませんので、裏側まで全部綺麗に磨いてください。プロとしては、その辺の細かなところにまでしっかり処理をしておかないと、クライアントの担当は造形に関してまったくの素人の場合もありうるので「手を抜いている」と思われ、原型師として評価が下がります。

08 サーフェイサーを吹き付ける

サーフェイサーを吹き付けて仕上げていきます。

1 ▶ 歯ブラシを使って水洗いして乾燥させる

面処理後に水洗いしてからサーフェイサーを吹き付けます。その前に磨き終わったら、粉を落とすために一度歯ブラシを使って、水洗いして乾燥させます。

> **memo 乾燥について**
>
> 乾燥については、埃のない場所で乾燥するのがベストです。以前から某大手通販サイトの食器乾燥器のジャンルでは模型の乾燥にはとてもよいとの評判のものがありますのでそれがおすすめです。これは、食器乾燥機としてはパワー不足との指摘があり、それが逆に塗料乾燥には向いているとのことです。

2 ▶ サーフェイサーを吹き付ける

サーフェイサーを吹き付けて乾燥させます（サーフェイサーを吹き付ける時に埃が混じらないように注意する）。サーフェイサーが乾燥したら磨き残しがないかよく確認します。
傷が残っていた場合はその部分のみ磨いてならし（図1）、水洗いをしてからサーフェイサーを再度吹き付けます。
この磨き作業を2～3回繰り返して磨き残しがなくなったら原型完成となります（図2）。

▲図1 磨いた後にサーフェイサーを吹いて原型にしたもの

▶図2 割り箸にクリップやテープでパーツを固定してからサーフェイサーを吹き付けると効率がよい

Column

▶表面処理や塗装を行う環境

本書では表面処理の一部や塗装を「フィギュア　製作代行　美少女フィギュア製作代行MOE」で行っています。図1のようにフィギュア制作に必要な環境が一通り整っています。

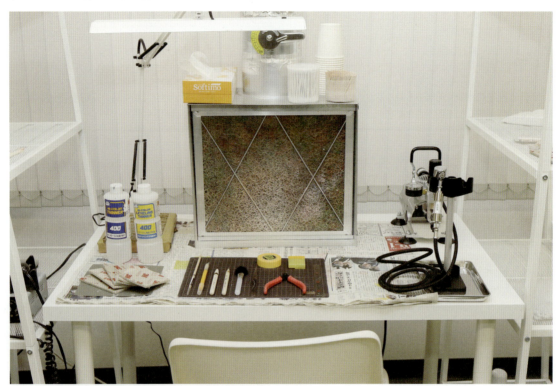

▲図1 「フィギュア　製作代行　美少女フィギュア製作代行MOE」の作業現場

CHAPTER **10**

完成品の塗装

ここでは、塗装についての基本的な方法を解説します。
本章では、パーツ1つずつを取り上げるのではなく、
塗装工程の要点を絞り解説します。

01 塗装の方法について

フィギュアの塗装方法について解説します。

フィギュアの塗装方法には大分類して2種類の方法があります。

■ 下地にサーフェイサーを吹き付けてから塗装する方法
昔からある基本的な塗り方です。

■ 白キャストに直に塗装を施していく方法。サフレス（サーフェイサーレス）
近年、主流になってきている塗り方です。材料の透過を利用して透明感のある質感が得られます。
原型と塗装完成品で計2個必要な場合は、一旦キャスト複製を行い、キャスト品に塗装をします。

本書では、半透明の立体出力品に塗装を施していきますので、サーフェイサーを下地に吹き付ける塗装方法を採用しています。

> **memo　キャスト複製とは**
> 原型の反転型をシリコンゴムで制作して、レジンキャストを流し込んで成型することを言います（図1、2、3）。

▲図1 シリコン型

▲図2 2つを合わせてレジンの樹脂を流し込む

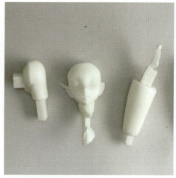
▲図3 レジンキャスト

02 塗装に必要な工具・材料・設備について

塗装に必要な工具と材料の解説をします。

▶塗装に必要な最低限の道具を揃える

表1はフィギュアを塗装する際に最低限必要な道具です（図1、2、3、4）。

道具の種類		説明
エアーブラシの器具	ハンドピース	塗料を吹き付ける器具
	エアコンプレッサー	空気を圧縮する器具
筆		埃をとったり、部分的に補修で塗ったりする時に利用する
面相筆		目を描いたり、塗装の補修をしたり、墨入れをしたりする時に利用する
マスキングテープ		エアーブラシで塗りたくない部分に貼り付ける
アートナイフ		マスキングテープをラインに沿って切る時に使う
塗料・うすめ液（溶剤）		エアーブラシ用の塗料を薄めたり、ハンドピースの洗浄に使う
	ラッカー塗料	シンナー系のカラー
	エナメル塗料	エナメル系のカラー
	水性・アクリル塗料	水性の塗料（本書では使用しない）
パステル		ほっぺたのチークを入れるのに使用する
真鍮線		パーツ同士の補強の際に芯にしたり、土台に取り付けたりする時に挿す
ニッパ		真鍮線を切る道具
サンドペーパー		キャスト品の繋ぎ目を消すのに使用する（本書では使用しない）
スポンジ研磨材		キャスト品の繋ぎ目を消すのに使用する（本書では使用しない）

▲表1 塗装に必要なもの

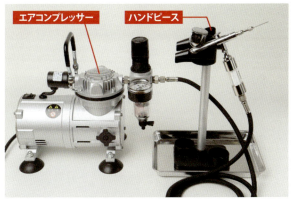

▲図1 エアコンプレッサーとハンドピース

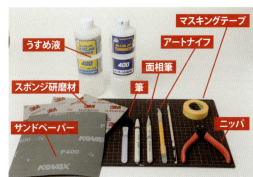

▲図2 塗装用の道具

memo エアーブラシとは

エアコンプレッサーにより圧縮した空気によって塗料・絵具等をハンドピースで霧状に噴射する道具です。価格は、ハンドピースで1万円から、エアコンプレッサーで2万円からとなります。

▶図3 面相筆

▲図4 パステル

▶塗料の種類について

模型制作で使用される代表的な塗料の種類は表2の通りです。
なお種類が違う塗料を混ぜ合わせることはできません。うすめ液は、それぞれ塗料ごとに必要になります。

塗装	説明
ラッカー塗料	模型系では基本的に使用されている塗料
	乾燥が速く、塗装皮膜も強い
	シンナー臭がきつい
	エアーブラシではこの塗料を薄めて使用する
エナメル塗料	乾燥時間が遅い。塗料の伸びが良く、筆ムラが出にくい
	乾燥後の塗膜が軟らかいので、強く擦ると塗装が剥がれることがある
	ラッカー系や水溶性塗料で塗った後(乾燥後)に上から塗っても下の色と混ざらない
水性・アクリル塗料	筆を水洗いでき、シンナー臭もほとんどしない
	塗料の伸びがあまりなく筆ムラが出やすい。乾燥時間もそれなりにかかり、乾燥後の塗膜も弱め

▲表2 塗装に必要なもの

▶塗装ブースについて

塗装する際はシンナー塗料を使いますので、健康のためにも塗装ブースの購入をおすすめします(図5)。

塗装ブースとは、エアーブラシ作業の時に換気を外部に出す設備のことです。これがない場合、塗料が部屋中に拡散してしまい、健康的にもよくありません。おおよそ1万円位から購入できます。

▲図5 塗装ブース

> **memo　レンタル塗装ブースを使う**
>
> 賃貸的に部屋での塗装が難しい方には、最近ではレンタル塗装ブースもあります。本書の作例も、筆者宅では塗装が困難でしたので、レンタル塗装ブースをお借りしました(図6)。レンタル費には、塗料・うすめ液・マスキング等の消耗品代も含まれているのでお得です(2015年5月現在)。

▶図6 レンタル塗装ブース　　URL http://www.bjf-gk.com/

03 塗装前の下準備

塗装を開始する前の下準備について解説します。

1 ▶ 水洗いする

エアーブラシには埃は天敵です。原型についた粉や埃をとるために、歯ブラシを使って一度水洗いをしてから密閉した所で乾燥させます。乾燥したら、エアーブラシで塗装しやすいように各パーツを割り箸等に固定します（図1）。

▲図1 サーフェイサー状態のもの

2 ▶ 下地を白に塗装する

現状、サーフェイサーのグレー色ですので下地を白に塗装していきます（図2、3）。
［ガイアカラーEx-01 EX-ホワイト］をうすめ液で2～3倍に薄めて吹き付けます。
ガイアカラーは他のメーカーのものよりも顔料が多めに入っているため吹き付け回数が少なくて済みます。ただし、顔料が多く入っているため、厚吹きしすぎるとディテールがもっさりとしてきますので、注意が必要です。

> **memo エアーブラシの塗料の濃度**
> 初めての方はエアーブラシの塗料濃度が濃すぎて玉が飛んで失敗したり、逆に薄すぎて塗料が垂れて失敗したりすることが多いと思います。
> 基本的には経験を元に、自分に合った濃度を見つけてもらうしかないのですが、筆者の場合の濃度の見方を説明します。
> エアコンプレッサーの圧力は1.5～2気圧にします。まず塗料を2倍に薄めて、自分の手に吹き付けてみます。この時、塗料がフワッとした当たり心地（細かいミストが当たってる感覚）で塗料が垂れずに色がのっていれば適性濃度になります。ベタベタしたり垂れたりするようなら濃度を調整する必要があります。

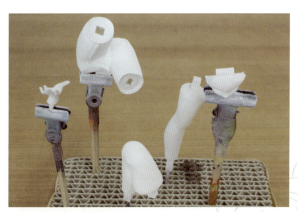

▲図2 エアーブラシで白を吹き付ける

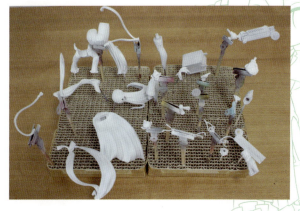

▲図3 おかもち以外の全パーツを下地の白に塗装する

04 塗装する箇所

各部の塗装に入る前にどの部分を塗装していくのか説明します。

▶塗装の箇所

図1のように全体の塗装をしていきます。なお塗装についての補足ですが、[ガイアカラー]と[Mr.カラー]はラッカー塗料のことで、[タミヤカラー]はエナメル塗料のことを示します。

◀図1 全体図

05 顔を塗装する

顔の塗装はプロでも難しい部分ですので塗料の種類を分けて修正をしやすい塗り方をします。

1 ▶ マスキングテープを貼って目の輪郭に沿って切る

下地の白を白目として活かします。まずマスキングテープを貼ったらアートナイフで目の外輪に沿って切り取ります（図1）。アートナイフを深く刺しすぎると下地に傷が入りますので細心の注意をしてください。

▲図1 目の輪郭に沿って切る

2 ▶ 肌色で塗装する

[Mr.カラー 111 キャラクターフレッシュ]を土台に、[Mr.カラー 3 レッド]、[Mr.カラー 4 イエロー]、[Mr.カラー 63 ピンク]を調合して基本の肌色を吹き付けます。影部分は塗料を長めに吹き付けて濃くしてグラデーションを付けます（図2）。

▲図2 肌色で塗装する

3 ▶ もみあげを塗装する

もみあげを[Mr.カラー 42 マホガニー]を利用して、面相筆で塗ります。
目を塗装するのはプロでも失敗する可能性があるため保険として、[ガイアカラー 007 クリアー]を吹き付けてコーティングしておきます（図3）。

▲図3 クリアーコーティングする

> **memo クリアーコーティングについて**
> ラッカー塗料の上にはエナメル塗料を塗装することができます。また、エナメル塗料のみ落とすことができます。逆に、エナメル塗料の上にラッカー塗料を塗装するとエナメル塗料も溶けてしまい塗装することはできません。
> これを利用して、一旦ラッカー塗料でクリアー塗装をしておき、エナメル塗料で目を描いて失敗した際にエナメル塗料だけ落とすことができます。フィニッシャー（塗装専門の職業）によっては、1色塗装するごとにクリアーコーティングする方もいるようです。

4 ▶ 口の中を塗装する

先に口の中を面相筆で[タミヤカラー X-17 ピンク]を塗ります。
[タミヤカラー X-2 ホワイト]＋[タミヤカラー X-14 スカイブルー]を調合して、面相筆で瞳の土台を塗ります（図4）。

▲図4 口の中を塗装する

5 ▶ 瞳の中とまつげを描く

[タミヤカラー X-2 ホワイト]、[タミヤカラー X-14 スカイブルー]、[タミヤカラー X-16 パープル]を各種調合して、面相筆で瞳の中を塗ります。
次に、[タミヤカラー XF-63 ジャーマングレイ]でまつ毛を塗ります（図5）。

▲図5 瞳の中とまつ毛を描く

6 ▶ まぶたと眉毛を塗装する

[タミヤカラー XF-52 フラットアース]を、面相筆でまぶたと眉毛を塗ります。ここまでで問題がなければ、一旦クリアコーティングをしておきます。
パステルを#1000のサンドペーパーで削いで乾いた面相筆でチーク部分にパタパタとつけます（図6）。ここは実際のお化粧のような感じです。

▲図6 眉毛を描く

7 ▶ アイシャドウを入れる・前髪とのバランスを見る

手順6で塗装する前髪とのバランスを見つつ、チーク同様、パステルを使ってアイシャドウを付けます（図7,8）。

▶図7 パステルでアイシャドウを入れる

◀図8 前髪を付けてバランスを見る

06 髪周りを塗装する

髪とシニヨンの塗装について解説します

1 ▶ シニヨンを塗装する

[ガイアカラー Ex-01 EX-ホワイト]と[Mr.カラー 63 ピンク]を調合したものをシニヨンの葉っぱ部分に軽く吹き付けます(図1)。

◀図1 左、塗装済み。右、塗装前

2 ▶ 髪の塗装をする

[Mr.カラー 42 マホガニー]を土台に、[Mr.カラー 22 ダークアース]、[Mr.カラー 34 スカイブルー]、[Mr.カラー 67 パープル]、[Mr.カラー 79 シャインレッド]、[ガイアカラー Ex-01 EX-ホワイト]を調合します。
微妙な色合いを出したい場合はいろいろな色を配合して作ります。
調合した色より少し明るい色を作り、全体に吹き付けます。その後、調合色をグラデーションをつけながら吹き付けていきます(図2,3)。
三つ編みに付いている球は、Mr.カラー 4 イエロー(黄)]を吹き付けます(図4)。

◀図2 前髪

◀図3 後ろ髪

◀図4 三つ編み

07 服を塗装する

下地の白はそのまま利用できるのでグラデーションの影色部分を塗装してから青ラインの塗装をします。

1 ▶ グラデーションをかけて塗装をする

［ガイアカラー Ex-01 EX-ホワイト］に［Mr.カラー 74 エアスペリオリティーブルー］を少量混ぜ、影色を作り、グラデーションをかけて塗ります（図1）。

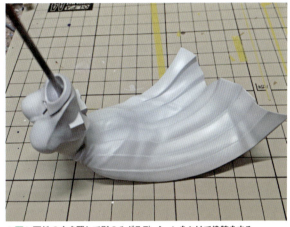

▲図1 下地の白を残して影のみグラデーションをかけて塗装をする

2 ▶ 襟のラインとプリーツ先のラインの周りを塗装する

襟のラインとプリーツ先のラインの周りをマスキングして、［Mr.カラー 328 ブルーFS15050］を吹き付けます（図2）。

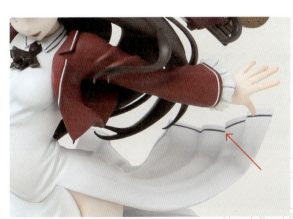

▲図2 青いラインを塗装する

08 上着を塗装する

マスキングが多くなりますが、1つずつクリアしていきます。

1 ▶ 袖口のヒラヒラ部分を塗装する

[ガイアカラー Ex-01 EX-ホワイト]に[Mr.カラー 74 エアスペリオリティーブルー]を少量混ぜて影色を作り、グラデーションをかけて、袖口のヒラヒラ部分を塗ります（図1）。

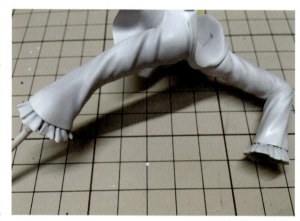

▶ 図1 袖口のヒラヒラ部分を塗装する

2 ▶ 襟ライン、袖口ライン、袖口のヒラヒラ部分にマスキングをする

襟のライン、袖口のライン、袖口のヒラヒラ部分にマスキングをします（図2）。

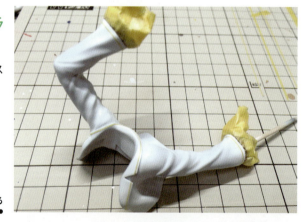

▶ 図2 マスキングをする

3 ▶ 上着を塗装する

[Mr.カラー 100 マルーン]を土台にして、[Mr.カラー 68 モンザレッド]、[Mr.カラー 67 パープル]、[Mr.カラー 81 あずき色]を調合します。調合した色より少し明るい色を作り、全体に吹き付けます。その後、グラデーションをつけながら調合色を吹き付けていきます（図3）。

▶ 図3 上着を赤色に塗装する

09 腰を塗装する

腰は、一度のマスキングで済みますが、ラインを綺麗に出せるよう、マスキングに隙間がでないようにしてください。

1 ▶ 肌色を塗装してマスキングする

[Mr.カラー 111 キャラクターフレッシュ]を土台に、[Mr.カラー 3 レッド]、[Mr.カラー 4 イエロー]、[Mr.カラー 63 ピンク]を調合して基本の肌色を吹き付けて塗装します。
影部分は塗料を長めに吹き付けて濃くしてグラデーションをつけます。次に、ニーソのゴムラインとガーターベルトの周りをマスキングします（図1）。

▲図1 肌色を塗ったらマスキングする

2 ▶ ガーターの赤とパンツの黒に塗装する

上着の塗装で作った赤を吹き付けます。次に、パンツの周りをマスキングして、[Mr.カラー 92 セミグロスブラック]でパンツ部分に吹き付けます（図2）。

▲図2 ガーターの赤とパンツの黒を塗装する

10 足を塗装する

マスキングを繰り返し行う作業です。赤色は下地に影響されやすい色なので、下地の白の上に赤を塗って発色をよくします。黒っぽい下地の上に赤を塗装すると、どす黒い赤味になりますので注意してください。

1 ▶ 肌色に塗装する

[Mr.カラー 111 キャラクターフレッシュ]を土台に、[Mr.カラー 3 レッド]、[Mr.カラー 4 イエロー]、[Mr.カラー 63 ピンク]を調合して基本の肌色を吹き付けます。影部分は塗料を長めに吹き付けて濃くしてグラデーションをつけます（図1）。

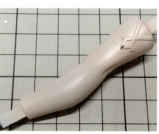

▲図1 肌色に塗装する

4 ▶ タイツの模様にマスキングをする

タイツ部分を塗装するため赤色の模様にマスキングをします（図5）

▶図5 マスキングをする

5 ▶ タイツとスカーフを塗装する

[Mr.カラー 71 ミッドナイトブルー]をグラデーションをつけながら吹き付けたら、[Mr.カラー 92 セミグロスブラック]で影部分を軽く吹き付けます（図6）。色が同じなので一緒にスカーフも吹き付けて塗装します（図7）。

◀図6 透けたタイツぽく塗装する

▲図7 スカーフを塗装する

2 ▶ 模様の周りをマスキングする

模様の周りにマスキングをします（図2）。

▲図2 マスキングをする

3 ▶ 赤色に塗装する

上着の塗装で作った赤色を吹き付けます（図3,4）。

▲図3 赤色を塗装する

▲図4 マスキングテープを剥がしたところ

6 ▶ ニーソの紐を塗装する

ニーソの紐を上着塗装で作った赤色を吹き付けます。球の部分は、面相筆で[Mr.カラー 4 イエロー（黄）]を塗装します（図8）。

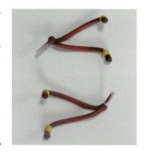

▲図8 ニーソの紐を塗装する

11 靴を塗装する

「靴紐のマスキング」という細かな作業工程があります。ピンセットを使い根気よく1本ずつ貼り付けていきます。

1 ▶ 赤色に塗装する

上着塗装で作った赤色を吹き付けます(図1)。

◀図1 赤色に塗装する

2 ▶ 靴紐をマスキングする

靴紐をマスキングします(図2)。

◀図2 靴紐をマスキングする

3 ▶ 靴の細部を塗装する

[Mr.カラー 72 ミディアムブルー]、[Mr.カラー 71 ミッドナイトブルー]、[Mr.カラー 67 パープル]を調合したものを靴のタン部分に吹き付けます。
次に、靴紐のマスキングは剥がさずにタン部分のマスキングも追加して、[Mr.カラー 71 ミッドナイトブルー]、[Mr.カラー 72 ミディアムブルー]を調合したものを甲の部分に吹き付けます。
さらに、甲の部分もマスキングを追加して、[Mr.カラー 71 ミッドナイトブルー]、[Mr.カラー 326 ブルーFS15044]を調合したものを全体に吹き付けます(図3)。

◀図3 靴の配色

4 ▶ 靴紐を赤色に塗装する

上着の塗装で作った赤色を吹き付けます(図4)。

◀図4 靴紐を赤色に塗装する

12 武器を塗装する

武器パーツもマスキングの繰り返しになります。塗装を上塗りしていく時は、塗装の順番をしっかりと考えてください。

1 ▶ 武器の塗装のフロー

塗装をしていく順番を紹介します。1つずつエアーブラシで吹き付けては、マスキングをして、次の手順で吹き付けていきます(図1)。

❶右手部分:顔の肌色と同じ色
❷刃部分:[Mr.カラー 8 シルバー]
❸本体部分:[Mr.カラー 28 黒鉄色]
❹ゴールド色部分:[メタリックカラー 010 ブライトゴールド]＋[Mr.カラー 10 カッパー(銅)]
❺赤色部分:[Mr.カラー 100 マルーン]＋[Mr.カラー 67 パープル]
❻フサ部分:[ガイアカラーEx-01 EX-ホワイト]＋[Mr.カラー 74 エアスペリオリティーブルー]
❼結び目部分:[Mr.カラー 4 イエロー(黄)]

▲図1 武器全体の配色

13 おかもちを塗装する

小技の1つですが、シルバー系は下地によっても発色の感じが変わってきます。
暗い色を下地にすることによって、重量感を出すことができます。

1 ▶ おかもちの下地を黒で塗装する

［ガイアカラー Ex-02 EX-ブラック］で下地の黒を吹き付けます（図1）。

▲図1 下地を黒に塗装する

2 ▶ 全体をシルバーで塗装する

［ガイアカラー Ex-07 EX-シルバー］で淵の部分を残すように全体に薄く吹き付けます（図2）。

▲図2 シルバーを塗装する

3 ▶ グラデーションをつける

［ガイアカラー Ex-01 EX-ホワイト］で明るい部分に強弱をつけるようにグラデーションをかけます（図3）。

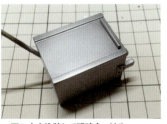

▲図3 白を塗装して明暗をつける

4 ▶ 布と取っ手部分を塗装する

［Mr.カラー 81 あずき色］＋［Mr.カラー 4 イエロー（黄）］を極少量を入れて少し明るい色を全体に吹き付けた後、［あずき色］で中間部分を吹き付け、［Mr.カラー 71 ミッドナイトブルー］を数滴入れて影色を作り、影部分にグラデーションを入れます。

取っ手部分は［Mr.カラー 43 ウッドブラウン］を吹き付けます（図4,5）。

▲図4 布を塗装する

▲図5 取っ手を塗装してデカールを貼り付ける（デカールは次の手順で説明）

5 ▶ デカールを貼る

Photoshopで「三次軒」の下絵を作って市販のデカール用紙に印刷します。デカールは水につけて透明なフィルムをスライドさせて貼り付けます（図6、7）。

▲図6 デカール

▲図7 デカールの下絵

> **memo** デカールとは
> 水転写のシールのようなものです。主に、フィギュアの目や模型のマーク等に用いられます。

14 仕上げの塗装をする

各パーツの塗装が終わったら、全体のつやの調整のためにトップコーティングの塗装をします。

　一通りの塗装が終わったら、通常は一旦クライアントへ仮組みした塗装品を輸送して版元監修をしてもらいます。色修正の指示があった場合は、その部分を修正します。
　版元監修のOKが出たらパーツを接着してトップコーティングを施して仕上げます。

1 ▶ トップコーティングの塗装をする

［ガイアカラー 030 セミグロスクリアー］に［ガイアカラー 006 フラットベース］を1/3ほど入れて、少し薄めすぎくらいにした塗料を全体に軽く吹き付けます。筆者の場合、完全なつや消し仕上げにはせず、半光沢とつや消しの中間位にとどめています（図1、2）。
なおフィニッシャーによっては、つや消し仕様にすることもあります。

▲図1 塗装完成（正面）

▲図2 塗装完成（背面）

CHAPTER 11

納品時の注意点

この章では、納品の仕方と総まとめを解説します。完成品ができあがったら、埃と直射日光を避けてください。また、汚れた手で触らないように注意してください。特に、梱包の時に新聞を触った手でフィギュアを触れてしまうと新聞のインクが付いて黒ずんでしまい簡単には落ちなくなります。それ以外にも、手の油もよくないですので、完成品を触る時は手を洗ってから触るようにしてください。

01 原型・完成品の納品の仕方

完成品ができあがったらクライアントへ納品します。手持ちでじかに納品できるのならばそれが理想ですが、無理な場合は壊れないように梱包して輸送する必要があります。

▶原型の場合

　パーツ1個ずつをビニール袋に入れてさらにタッパ等の硬い箱に入れます。中に隙間があったら梱包材等を軽くつめてください。圧迫すると原型が壊れるので、軽く支えて中が動かない程度にします。

　次に、ダンボールにタッパを入れて梱包材で動かないようにして輸送します。

> **memo　パーツごとに袋に入れる**
> 万が一破損した場合でも破片がなくならないようにするためです。

▶完成品の場合

　完成品の場合は接着して組み立ててから納品をします。

　フィギュアを大き目のビニール袋に入れて軽く巻き、動かないようにビニール袋をマスキングテープで留めます。次に、大き目のタッパに入れて梱包剤で動かないようにします。圧迫しないで軽く留めてください。ダンボールにタッパを入れて梱包材で動かないようにして輸送します。

　完成品は特に汚れや擦れに弱いので直接ティッシュなどで包まないでください。ティッシュは目の細かいサンドペーパー同様に傷が付いてしまうことがあります。

02 完成品の納品と組み立て方

ここでは作成したフィギュアを納品する方法と納品したパーツを組み立てる方法について解説します。

　本書の完成品は、1品物ということもあり、通常の市販フィギュアよりも髪の毛を細めに制作していましたので、輸送では破損するおそれがありました。そのため、パーツを一部接着せずに緩く梱包をして手持ちで運び、ニリツ氏の事務所で最終組み立てをすることにしました。ここではその工程を簡単に説明します。

1 ▶ パーツを梱包する

図1から10の手順でパーツを梱包します。

▲図1 パーツは1個ずつビニール袋に入れる❶

▲図2 パーツは1個ずつビニール袋に入れる❷

▲図3 細かいパーツはタッパに入れる

▲図4 パーツは1個ずつビニール袋に入れる❸

▲図5 梱包材で包んで動かないようにする

▲図6 圧迫しないように緩く包む

▲図7 ダンボールに入れ梱包材で動かないようにする

▲図8 フィギュアをビニールから出した状態

▲図9 毛先が折れやすいため空間を空けている

▲図10 詰め込みすぎないようにする

2 ▶ 組み立てる

梱包を開けて緩衝材から取り出したら、図11から19の手順でパーツを組み立てます。

▲図11 パーツ全体を確認する

▲図12 武器を組み立てる

▲図13 頭部を組み立てる

▲図14 頭部を体に取り付ける

▲図15 前髪を取り付ける

▲図16 土台に本体を取り付ける

▲図17 武器を本体に取り付ける

▲図18 紐はピンセットを使って取り付ける

◀図19 組み立て終わり

03 デジタル原型師として独り立ちする

デジタル原型師になるために必要な情報をまとめて紹介します。

▶ デジタル原型師を目指して就職活動する

■ 社員原型師を目指す場合

デジタル原型が普及してきたとはいえ、まだまだ公開されている求人は少なく狭い道ではあります。

以前は、「コンテストに応募する」、「イベントに出展をして声をかけてくれるのを待つ」というのが原型師になるための近道という話もありましたが、現実的にはそれでプロになった方は数えるほどしかいません。年に数回しかない機会をただ待っている姿勢ではいつまでたってもプロにはなれません。

そこで、まず自分で求人を探してください。ネットで「原型師 求人」で検索、メーカーサイトを確認、ハローワークで検索と探す手立てはいくらでもあります。それでも、実質的には公開されている玩具業界の求人自体が30社ほどしか引っかからないと思います。

しかし、求人は出していないものの、「やる気のある人であれば会ってみたい」という会社もあるので、募集を行っていなくても問い合わせをしてみてください。

その際は、いきなり電話で問い合わせたり、アポなしで押しかけたりは「NG」です。担当者も暇ではありませんし、納期近くで立て込んでいるかもしれません。

問い合わせをする時は、メールで求人を行っていないか尋ね、作品の画像数枚を添付します（作品画像リストのあるブログリンクでもよい）。

返事が1週間くらいかかる場合もありますが、2週間待っても返事がなかったら諦めて放置するのではなくメールで問い合わせてください。そこで、お断りをされたとしても、実力をつけて再度の応募は可能です。

もう1つの方法としては、デジタル造形の講座を行っている学校に入って勉強し、インターンシップ制度を利用して、制作会社に体験入社をするという手もあります。これはかなり有効で、会社側としては機材を貸し与えるだけで、それ以外の負担がないため受け入れやすいですので数ヶ月お互いに試用をして問題なければ入社することができます。

筆者が以前属していた会社でも、この制度を利用して毎年正社員として雇用されていました。

■ フリーランスの原型師を目指す場合

まずは作品を多数作ってポートフォリオを作ります。あとは、各メーカーにポートフォリオを送って、仕事があるかどうかについて、丁寧に問い合わせるという感じになります。

フリーの場合は実力が大事ですし、とにかく自分で営業をして動かなければ仕事は来ません。当然技術力がなければ、1回の仕事で終わるクライアントもあるので、日々の造形の努力と、コミュニケーション能力を鍛える必要もあります。

▶ 原型師の制作費について

フリー原型師の場合と社員原型師で考え方が変わります。

メーカーとの守秘義務の問題もあり、あまり詳しくは言えませんが、デジタル原型制作費は1/8スケールの美少女フィギュア1体で最低20万円位からとなります。

元々玩具業界は予算が厳しい傾向にあります。デジタル原型が普及してきてCG会社がフィギュア原型にのりだして来ようとしても、技術的にはトップクラスの力量を要求されるわりに、玩具業界から提示される金額と折り合いがつかないため撤退していく事例も多いです。

例えば、30万円の仕事があったとします。しかし、クオリティーの高いものを作るには監修修正込みで2～3カ月かかりますので、2カ月で終わったとしても月15万円ということになります。

このように、ある程度の中堅クラス以上の原型師にならないと、フリーで食べていくのはかなり難しいかと思います。

▶ フリー原型師か社員原型師か

フリー原型師で食べていくのは大変であると言うことを話しましたが、社員原型師であれば収入も安定していますし、チームプレーも可能なので、筆者的にはおすすめです。

ここではフリー原型師と社員原型師の特徴をあげてみます。

■ フリー原型師

フリー原型師の主な特徴は以下の通りです。

- 営業から制作まで1人で行う必要がある
- 監修の返事が戻ってこなければその分、無収入になる
- 打ち合わせで1日つぶれると実質的に1日無給同等になる
- 収入＝使えるお金ではない、毎月の健康保険・年金・税金を引いた額しか使えない
- 造形のための資料・材料・設備・家賃も一部は経費になる
- 時間に縛られず自分のペースで制作ができる

■ 社員原型師

社員原型師の主な特徴は以下の通りです。

- 仕事の速い遅いに関わらず毎月給料は出る
- 打ち合わせ等、作業以外でも賃金が出る
- 短納期や緊急時にはチームで手分けをすることができる
- 先輩に原型の指導をしてもらい技術向上することができる
- 福利厚生がある

このようにざっと羅列しただけでも、社員原型師の利点は多いです。トップレベルで毎月40万円以上の収入がある原型師であればフリーという働き方もありますが、駆け出しから中堅クラスの場合は、生活が安定する社員原型師をおすすめします。

筆者が実体験で社員原型師で特に大きいポイントだと思ったのが、電車移動時間も含まれた打ち合わせで、実質1日つぶれてしまったとしても、給料はきちんと発生していることでした。

打ち合わせが月に5日入ったとすると、デジタル原型の場合、ラフ制作までは終わりますから、それがフリーだと5日無給になるのはマイナスだと感じました。

▶ まとめ

これからプロのデジタル原型師を目指そうとする方も増えてくると思いますが、声優に比べれば原型師は努力すれば「なれる職業」ですので、努力していってほしいと思います。

また、その際には下記の点に十分注意して前に進んでいってもらえれば、本書を執筆した甲斐があるというものです。

- デジタル原型の場合は、どのような監修依頼が来てもいいように、とにかくパーツは細かく分けるようにする
- デジタルのみで完結は難しい
- アナログ原型の知識があってこそ、デジタル原型が活かせる
- 映像系のCGしか経験したことがない方はまずアナログ原型を経験すること
- 理不尽な修正がくることもあるが、仕事と思って割り切る
- 限られた制作時間の中でも、手を抜かずに最大限努力する
- 技術はいきなり身に付かない。数をこなして力量を上げていくしかない。近道はないと心得ること

CHAPTER 12

デフォルメフィギュアの デジタル原型を作る

本書執筆中にZBrush 4R6 P2がZBrush 4R7 P3へとバージョンアップしました。そこでデフォルメフィギュアをZBrush 4R7 P3で制作しました。基本的な流れはZBrush 4R6 P2と同じですので、ここではZBrush 4R7 P3の機能を使った部分にフォーカスして解説します。

01 下絵を読み込み原型を作成する

デフォルメフィギュアの制作手法を紹介します。細かなツールなどの手順はすでにスケールフィギュアの制作で解説していますので、割愛しています。

1 ▶ 下絵を読み込む

[SubTool]をアクティブにして、[Tool]→[Import]をクリックし、本書サンプルの200mmキューブを読み込んで、下絵を配置します（図1）。

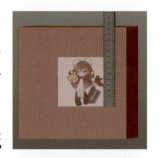

▶ 図1 200mmキューブを読み込んで下絵を配置

2 ▶ ZSphereで体を作る

[ZSphere]を選択して、体を作ります（図2）。
[X]キーを押して、シンメトリーにしておいてください。

▶ 図2 [ZSphere]から体を作成

3 ▶ ZSphereで体全体を作成する

ZSphereの親スフィアは首より上に配置して全体を作ります（図3）。

▶ 図3 ZSphereで作る

4 ▶ 体をメッシュ化する

体をメッシュ化します（図4）。

▶ 図4 メッシュ化する

5 ▶ プロポーションを整える

Moveブラシでプロポーションを整えます(図5)。

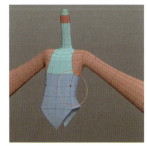

▶図5 Moveブラシでプロポーションを整える

6 ▶ ポーズをつける

[MaskLasso]でマスクをかけて、トランスポーズの[Rotate]で、間接部分から回転させポーズをつけていきます(図6、7、8)。

▲図6 足を曲げる

▲図7 腕を曲げる

▲図8 肘を曲げる

7 ▶ 胸を作る

InflateブラシやMoveブラシを使って、胸を作ります(図9)。

▶図9 胸を作る

8 ▶ ニーソのゴム部分を押し出す

[SelectLasso]でニーソのゴム部分を選択して、ポリグループ化した後に、マスクを利用して押し出します（図10）。

▶図10 ニーソのゴムラインを作る

9 ▶ ガーターベルトをメッシュ化する

[MaskCurve]を使い、ガーターベルトにマスクをかけて、[Extract]で厚みをつけ、メッシュ化します（図11、12）。

▲図11 ガーターベルトを作る　　▲図12 [Extract]で厚みをつけてメッシュ化

10 ▶ 靴をメッシュ化する

靴もマスクを利用して[Extract]で厚みをつけ、メッシュ化し、作っていきます（図13、14）。

▲図13 マスクを利用して靴を作る　　▲図14 [Extract]で厚みをつけてメッシュ化

11 ▶ 靴紐を作る

[SubTool]をアクティブにして、[Tool]→[Import]をクリックし、本書サンプルの10mmキューブを読み込みます。10mmキューブを加工して靴紐を作ります（図15）。

▶図15 10mmキューブを加工して靴紐を作る

02 プリーツを作る

プリーツを作成します。

1 ▶ [Plane3D]をメッシュ化する

プリミティブの[3D Meshes]から[Plane3D]を選択します(図1)。
[Tool]→[Initialize]で[H Radius][10]、[V Radius][20]、[HDivide][8]、[VDivide][2]に設定して、[Make PolyMesh3D]をクリックし、メッシュ化します(図2、3)。
[Plane3D]は最初から外周に[Crease]がかかっているはずなので、確認しておきます。[Crease]がかかっていなかったら、[Crease]をかけてください。

▲図1 [Plane3D]を選択

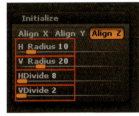

▲図2 [Initialize]の設定化

◀図3 [Make PolyMesh3D]をクリックしてメッシュ化する

2 ▶ プリーツのきわを作る

プリーツのきわを作るために、[SliceCurve]で足の付根ラインに沿って、分割を入れます(図4、5、6)。
ZModelerブラシは強力なツールですが、このように任意のエッジ位置に自由なエッジを入れることが現状できないなどの弱点もあるので、既存の機能と組み合わせて使い分けます。

▲図4 [SliceCurve]

▲図5 [SliceCurve]を使う

▲図6 ポリゴンが分割された

3 ▶ ZModelerでグループ分けする

[ZModeler]は[Space]キーを押して、メニューを呼び出します。ポリゴンのポイント(点)、ライン(線)、ポリゴン面のどこにカーソルがあるかによって、出てくるメニューが違うので、注意してください(図7、8、9)。

▲図7 ポリゴンポイント

▲図8 ポリゴンライン

◀図9 ポリゴン面

4 ▶ ポリゴンごとに ポリグループを割り当てる

次の工程のために縦のポリゴンごとにポリグループを割り当てます。
ブラシサムネールから[ZModeler]を選択します(図10)。
ポリゴン面上で[Space]キーを押してメニューを出し、[POLYGON ACTIONS:Polygroup]、[TARGET:A Single Poly]、[Poly Order]、[Additive]、[Full Coverage]に設定します(図11)。
下部分のポリゴン面をクリックするとグループ分けされます(図12)。

▲図10 [ZModeler]

▲図12 グループ分けされる

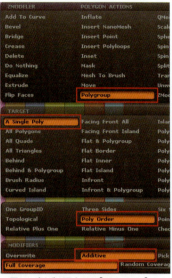

▲図11 ポリゴン面上での[ZModeler]のメニュー

5 ▶ ZModelerで上下に分割する

ポリゴンライン上で[Space]キーを押してメニューを出し、[EDGE ACTIONS:Insert]、[TARGET:Single EdgeLoop]に設定します(図13)。ポリゴンラインをクリックして、上下にポリゴンを分割します(図14)。

▲図13 ポリゴンライン上での[ZModeler]のメニュー

▲図14 ポリゴンを分割する

6 ▶ 段差をつける

段差をつけるため、ピンク色・水色ポリグループのみを表示して、トランスポーズの[Move]で手前に回転させるように引っ張ります(図15)。次に、[Tool]→[Geometry]→[EdgeLoop]→[Edge Loop]をクリックします(図16、17)。端の面が終わったら、1段内側も同様に処理します(図18)。

▲図15 トランスポーズの[Move]で引っ張る

▲図16 [EdgeLoop]をクリック

▲図17 移動したところにポリゴンが貼られた

▲図18 内側のプリーツも同様に調整する